Vögel

Delphin

Herstellungsbüro Gorbach, Satz VerlagsSatz Kort GmbH,
München.
Printed and bound by Vallardi Industrie Grafiche,
Milano, Italy.
ISBN 3.7735.2402.1

Die Bilder stellten zur Verfügung:
Bruce Coleman, Brian Hawkes, Eric und David Hosking, NHPA (Dalton, Joe Blossom und E. A. Jones), ZEFA Ltd.

Autor
Neil Ardley

Deutsche Bearbeitung
Heinz Schröder

Illustrationen
Martin Camm

Einleitung

Bestimmung eines Vogels

Um einen Vogel zu bestimmen, kann man verschiedene Merkmale heranziehen: Größe und Gestalt, Färbung und Zeichnungsmuster reichen dazu gewöhnlich aus. Doch gibt es auch Arten, die sich sehr ähnlich sehen. In solchen Fällen werden Verhalten, Flugbild, Stimme, Gesang und nicht zuletzt die Kenntnis der Lebensstätten und des Vorkommens dazu helfen, den Namen einer Art herauszufinden.

In diesem Buch sind die Vögel in systematischen Gruppen (Ordnungen oder Familien) zusammengefaßt. Eine kurze Einleitung zu jeder dieser Gruppen macht den Leser mit charakteristischen Merkmalen und Lebensgewohnheiten vertraut. Die im einzelnen aufgeführten Vogelarten sind farbig abgebildet, wobei Unterschiede zwischen Männchen und Weibchen sowie der Wechsel im Gefieder zu verschiedenen Jahreszeiten besonders hervorgehoben werden. Männchen und Weibchen sehen gleich aus, wenn bei einer Abbildung der Hinweis auf eines der beiden Geschlechter fehlt. Ergänzt werden die Abbildungen noch durch einige Farbaufnahmen. Der Text zu jeder der dargestellten Vogelarten umfaßt den deutschen Namen, den wissenschaftlichen Namen (Gattung und Art in Kursivdruck) und die Größe, von der Schnabelspitze bis zum Schwanzende gemessen, ferner Angaben zum Verhalten sowie Hinweise auf die Lebensräume, in denen die betreffende Vogelart zu erwarten ist.

Eine wertvolle Hilfe bei der Bestimmung eines Vogels sind die durch Umrahmung hervorgehobenen *wichtigen Kennzeichen* sowie die zahlreichen Verbreitungskärtchen. Die Kennzeichen sind die spezifischen Merkmale einer Vogelart, auf die bei einem Bestimmungsversuch ganz besonders zu achten ist. So ist beispielsweise eine Kohlmeise (Seite 90–91) an ihrer gelben Brust mit einem schwarzen Längsband in der Mitte leicht von anderen Meisenarten zu unterscheiden. Die verschiedenen Teile des Vogelkörpers werden auf der Abbildung eines Buchfinken-Männchens auf der gegenüberliegenden Seite gezeigt.

Die Kärtchen geben jeweils das Verbreitungsgebiet einer Vogelart innerhalb Europas an. Im violetten Gebiet kann die Art das ganze Jahr über beobachtet werden, im blau markierten Gebiet nur vom Spätherbst bis zum zeitigen Frühjahr. Die blaßrote Farbe bezeichnet die Gebiete des Sommeraufenthaltes vom späten Frühjahr bis zum Beginn des Herbstes, während in den weiß belassenen Teilen der Karte die betreffende Vogelart überhaupt nicht angetroffen wird, es sei denn auf ihrem Zug zwischen den blaßrot und blau markierten Gebieten.

Auf den Gesang der Vögel wird in diesem Buch nicht eingegangen, ausgenommen bei den Grasmücken (Seite 100–107); hier ist die Kenntnis des Gesangs oft die einzige Möglichkeit, eine Art zu bestimmen. Den Gesang mit Worten zu umschreiben, ist meist recht schwierig. Vogelstimmen lernt

Der Vogelkörper
Buchfink-Männchen im Sommerkleid

man am ehesten auf Exkursionen mit einem erfahrenen Ornithologen kennen oder aber von Schallplatten.
Mit Hilfe dieses Buches sollte es möglich sein, fast jede Vogelart zu erkennen, der man irgendwo in Europa begegnet. Insgesamt werden 353 Arten vorgestellt; das ist die Mehrzahl der bei uns vorkommenden. Ausgenommen sind lediglich einige seltene oder nur in Randgebieten lebende Vögel. Manche können mitunter auch in anderen Lebensräumen als den genannten oder in Ländern beobachtet werden, die auf den Verbreitungskarten nicht mehr eingezeichnet sind. Desgleichen sind geringe Differenzen denkbar zwischen dem lebenden Vogel und seiner Abbildung in diesem Buch, vor allem bei Beobachtungen in ungünstigem Licht.

Die Namen der Vögel

Jede Vogelart ist mit einem aus zwei Teilen bestehenden wissenschaftlichen Namen belegt; der erste bezeichnet die Gattung, der zweite die Art. Nahe verwandte Arten werden in einer Gattung zusammengefaßt – zum Beispiel alle europäischen Taucher in der Gattung *Gavia*. Viele Vogelarten gliedern sich wiederum in Unterarten oder geographische Rassen, die sich oft nur geringfügig voneinander unterscheiden und getrennte Verbreitungsgebiete bewohnen. Wo die Areale von zwei Unterarten zusammenstoßen, können sich die beiden Rassen jedoch vermischen. In der Systematik wird jede Unterart durch einen Unterartnamen dokumentiert, der in der wissenschaftlichen Bezeichnung stets auf den Artnamen folgt, wie etwa bei den Stelzen (Seite 112–113). Vogelarten in verwandten Gattungen werden zu Familien und verwandte Familien wiederum zu Ordnungen zusammengefaßt. Dabei tragen diese beiden Kategorien – Familie und Ordnung – neben ihrer deut-

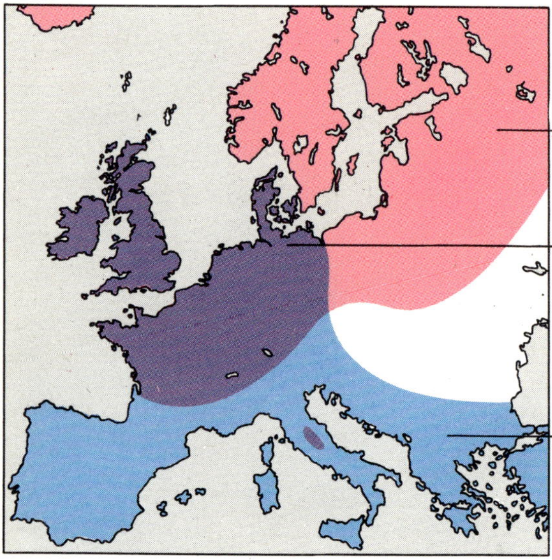

Karten wie diese, die in verkleinerter Form durch das ganze Buch hindurch zu finden sind, zeigen jeweils das Verbreitungsgebiet einer Vogelart innerhalb Europas. Im violetten Gebiet kann die Art das ganze Jahr über beobachtet werden, im blau markierten Gebiet nur vom Spätherbst bis zum zeitigen Frühjahr. Die blaßrote Farbe bezeichnet die Gebiete des Sommeraufenthaltes vom späten Frühjahr bis zum Beginn des Herbstes, während in den weiß belassenen Gebieten die betreffende Vogelart überhaupt nicht angetroffen wird, es sei denn auf ihrem Zug zwischen den blaßrot und blau markierten Gebieten.

schen Bezeichnung ebenfalls einen international gültigen wissenschaftlichen Namen.

Wo kann man Vögel beobachten?

Praktisch überall und zu jeder Zeit. Zu beachten ist allerdings, daß verschiedene Arten unterschiedliche Lebensräume bewohnen und daß an ein und demselben Ort im Wechsel der Jahreszeiten jeweils andere Vogelarten auftreten. Auch die Anpassung einzelner Arten an unterschiedliche Lebensräume und damit Lebensweisen, zum Beispiel an Wälder oder Meeresküsten, ist ein interessantes Studienobjekt. Einige Vögel haben ein so großes Anpassungsvermögen, daß sie an ganz gegensätzlichen Örtlichkeiten angetroffen werden. So lebt etwa der Turmfalke nicht nur in lichten Wäldern, offenem Gelände oder an der Küste, sondern ist auch in Städten zum Teil keine seltene Erscheinung mehr.

In vielen Ländern gibt es Gegenden, vor allem Feuchtgebiete, mit einem besonders reichen Vogelleben. Viele dieser Gebiete sind außerdem noch

Rastplätze für durchziehende Vogelarten, und so ist es sehr zu begrüßen, wenn an diesen Stellen Naturschutzgebiete eingerichtet werden, die nicht nur den Vögeln, sondern auch der übrigen Tier- und Pflanzenwelt ein ungestörtes Leben sichern.

Beginn des Vogeljahres
Im zeitigen Frühjahr ändert der Vogel sein Verhalten. Er rüstet sich zum Nestbau und damit zur Fortpflanzung. Viele Vögel kehren aus südlichen Ländern, in denen sie die kalte Jahreszeit verbracht haben, in ihre Brutgebiete zurück, manche aus Südeuropa, andere aus Afrika. Ein ausreichendes Angebot an Nahrung zur Aufzucht der Jungen bestimmt in den meisten Fällen den Brutplatz. Während des Vogelzuges hat man des öfteren Gelegenheit, seltenere Arten als Durchzügler oder bei der Rast zu beobachten.

Brutzeit
Zu Beginn der Brutzeit schmücken sich viele Vögel mit einem besonders prächtigen Gefieder. Die Männchen grenzen durch ihren Gesang ihr Revier ab, verjagen eindringende Rivalen und werben mit ihrer Balz um das Weibchen. Nach der Paarbildung wird mit dem oft kunstvollen Nestbau begonnen. Viele Vögel legen ihre Eier jedoch einfach auf den Boden, zwischen Gras oder Kieselsteine, oder sie brüten in Baumhöhlen oder auf Felsvorsprüngen. Im Frühsommer, wenn die Jungen die Eischalen verlassen haben, sind die Eltern unablässig auf Nahrungssuche.

Mauser und Vogelzug
Wenn der Sommer gekommen ist, spielt sich das Leben der Vögel weniger auffällig ab. Nachdem sie ihre Jungen aufgezogen haben, kommen sie in die Mauser und wechseln ihr Gefieder. Während dieser Zeit leben sie recht versteckt. Das neue Federkleid ist in der Regel weniger farbenfroh; es ist das Gefieder für die kalte Jahreszeit. Mit Beginn des Herbstes, wenn die Nahrung für die insektenfressenden Arten knapp wird, rüsten die Zugvögel für ihre weite Reise nach Süden. Gleichzeitig kommen manche Vogelarten aus dem hohen Norden zu uns, um dort dem strengen Winter zu entgehen. Auch Bewohner der Meeresküsten kommen während des Winters ins Binnenland. Viele dieser Vögel rotten sich dann zu großen Schwärmen zusammen, um gemeinsam Nahrung zu suchen und auch in Gesellschaft an bestimmten Schlafplätzen zu übernachten.
Im nächsten Frühjahr kehren die Wintergäste in ihre Brutgebiete zurück, und mit der Ankunft der Zugvögel beginnt ein neues Vogeljahr.

Das Beobachten von Vögeln
Vögel zu beobachten, gehört zu den schönsten Beschäftigungen des Naturfreundes, und man kann diesem Hobby eigentlich immer und überall nachgehen. Mit zunehmender Erfahrung kommt dem Vogelfreund auch manche

Beringen einer Heringsmöwe.

seltene oder versteckt lebende Art zu Gesicht. Empfehlenswert ist der Anschluß an eine ornithologische Gruppe, die Exkursionen und Vorträge veranstaltet.

Ein Fernglas ist für Vogelbeobachtungen unerläßlich. Man wähle dazu eines zwischen 6- und 10facher Vergrößerung. Die Angaben auf den Ferngläsern – wie etwa 6 × 30 oder 10 × 60 – vermitteln mit der ersten Zahl den Vergrößerungsfaktor, mit der zweiten den Durchmesser des Objektivs. Noch stärkere Gläser sind in der Regel für Exkursionen zu unhandlich und schwer. Man kann sie auch kaum so ruhig halten, daß das Beobachtungsobjekt bei einer starken Vergrößerung nicht ständig verwackelt. Auf Beobachtungsgängen sollte man sich stets ruhig verhalten und möglichst gedeckte Kleidung tragen. Viele Vogelarten wird man ohnehin nur aus nächster Nähe zu Gesicht bekommen, wenn man sich irgendwo verstecken kann.

Auch ein Notizbuch sollte der Vogelfreund auf seinen Streifzügen stets mit sich führen. In ihm hält er nicht nur allgemeine Angaben über Ort, Datum, Uhrzeit, Wetter, die beobachteten Vögel und ihr Verhalten fest. Er macht sich insbesondere auch genaue Notizen über ihm unbekannte Vögel, eventuell noch mit einer Skizze, um sie dann zu Hause mit Abbildungen und Beschreibungen zu vergleichen. Ein weites, wenn auch nicht einfaches Betätigungsfeld stellt das Fotografieren von Vögeln dar. Starke Teleobjektive und ein versteckter Ansitz sind hier meist die ersten Voraussetzungen für einen Erfolg. Sehr schön ist auch das Aufnehmen von Vogelstimmen mit einem guten Kassettenrekorder.

Seetaucher Ordnung Gaviiformes Familie Gaviidae

Diese großen Schwimmvögel sind – wie ihr Name sagt – ausgezeichnete Taucher und ernähren sich von Fischen und Krebstieren. Sie tauchen entweder plötzlich oder lassen sich langsam absinken. Das Land suchen sie normalerweise nur zum Brüten auf. Im Winter sind alle Taucher oberseits graubraun und unterseits weißlich. Sie können dann nur durch ihre Größe, Schnabelform und Rückenfärbung erkannt werden.

Prachttaucher

Eistaucher

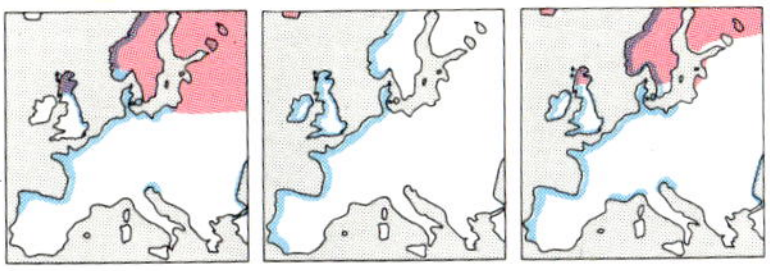
Pracht-taucher | Eis-taucher | Stern-taucher

Prachttaucher *Gavia arctica* 63 cm. Nistet meist auf kleinen Inseln in einsamen Seen. Im Herbst und Winter an Meeresküsten, oft in kleinen Trupps.

Eistaucher *Gavia immer* 76 cm. Nistet an Seen auf Island. Sonst an der Küste zu finden.

Sterntaucher *Gavia stellata* 56 cm. Nistet an der Küste und an Seen, von wo er täglich zur Nahrungssuche ans Meer fliegt. Im Herbst und Winter vor allem auf Küstengewässern.

WICHTIGE KENNZEICHEN

Prachttaucher Schlanker Schnabel. Sommer: schwarzer Kehlfleck; Rücken dunkel gefleckt. Winter: Rücken schwarz.

Eistaucher Starker Schnabel. Sommer: Kopf schwarz; Rücken schwarz-weiß gemustert. Winter: Rücken graubraun.

Sterntaucher Schlanker, aufgebogener Schnabel. Sommer: roter Kehlfleck; Rücken grau, ungemustert. Winter: Rücken graubraun, weiß gepunktet.

Sterntaucher

Ein Rothalstaucher-Paar im Sommerkleid. Im Rückengefieder des Elternvogels auf dem schwimmenden Nest sitzt ein Junges.

Lappentaucher

Ordnung Podicipediformes
Familie Podicipitidae

Lappentaucher sind elegante Wasservögel mit einem bunten Prachtkleid im Frühjahr und Sommer. Die auffallende Färbung von Kopf und Hals, die langen Ohrbüschel und Federkrausen unterscheiden sie deutlich von den Seetauchern. Im Winter verlieren sie Farben und Federschmuck, werden oberseits graubraun und unten weiß. Sie ähneln dann Seetauchern, sind aber kleiner und haben keilförmige Köpfe. Lappentaucher jagen unter Wasser nach Fischen und anderen Wassertieren. Sie fliegen nur selten und tauchen bei Gefahr so weit unter, daß nur noch der Kopf über Wasser bleibt. Ihre Schwimmnester aus Wasserpflanzen sind im Röhricht der Gewässerränder versteckt. Die zumeist vier Eier werden beim Verlassen des Nestes mit Pflanzenteilen zugedeckt. Vor dem Nestbau absolvieren die Lappentaucher eine in ihren grotesken Bewegungen sehr eindrucksvolle Balz. Die Jungen sitzen oft im Rückengefieder der Eltern. Während des Zuges im Herbst und Winter kann man Lappentaucher auf den verschiedensten Binnengewässern sowie an Meeresküsten beobachten.

Haubentaucher *Podiceps cristatus* 46 cm. Im Sommer und Winter auf Binnengewässern mit einem Schilfgürtel, im Winter auch an der Küste. Wegen seines dichten, seidigen Bauchgefieders früher bejagt und z. B. in England fast ausgerottet gewesen.

Rothalstaucher *Podiceps griseigena* 43 cm. Lebt während des Sommers auf Binnengewässern, im Winter meist an der Küste.

Ohrentaucher *Podiceps auritus* 36 cm. Zur Brutzeit auf Binnengewässern, sonst häufig in Meeresbuchten.

Schwarzhalstaucher *Podiceps nigricollis* 30 cm. Im Sommer oft in kleinen Trupps auf Binnengewässern, im Winter auch an den Küsten.

Zwergtaucher *Tachybaptus ruficollis* 25 cm. Im Sommer und Winter auf Binnengewässern zu beobachten, im Winter auch an den Küsten.

Haubentaucher

Rothalstaucher

Schwarzhalstaucher

WICHTIGE KENNZEICHEN

Haubentaucher Langer weißer Hals und rötlicher Schnabel. Sommer: Federohren und Federkrause.

Rothalstaucher Mittellanger Hals und schwarzgelber Schnabel. Sommer: roter Hals und hellgraue Wangen, aber ohne Federkrause.

Ohrentaucher Blaugrauer Schnabel. Sommer: goldfarbene Federohren und dunkel rostroter Hals. Winter: weiße Wangen.

Schwarzhalstaucher Leicht aufgeworfener Schnabel. Sommer: schwarzer Hals und goldgelbe Federohren. Winter: grauer Hals und Wangen.

Zwergtaucher Entenähnliche Gestalt, aber ohne Schwanz. Sommer: rostfarbener Hals.

Haubentaucher
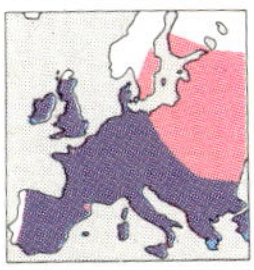

Rothalstaucher
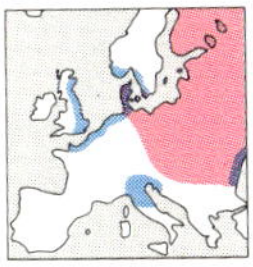

Ohrentaucher
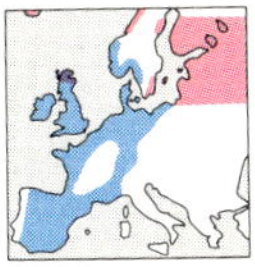

Schwarzhalstaucher
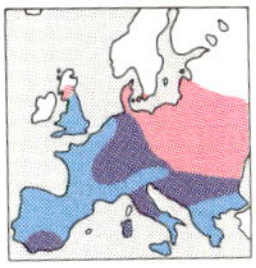

Zwergtaucher

Sturmvögel und Sturmschwalben

Ordnung Procellariiformes

Die Sturmvögel (Familie Procellariidae) und die Sturmschwalben (Familie Hydrobatidae) sind Hochseevögel, die das Land nur während der Brutzeit aufsuchen. Man sieht sie dann kolonieweise an Küstenfelsen und auf kleinen Inseln. Einige Sturmvögel sind als südliche Arten nur auf dem Zuge an europäischen Küsten zu beobachten; andere folgen den Schiffen. Alle haben die Größe von Möwen, sind aber an ihrem Flug, mit steifen Schwingen dicht über das Wasser segelnd, gut zu erkennen. Sturmtaucher haben schmalere Flügel und einen dünneren, längeren Schnabel als die Eissturmvögel. Sturmschwalben sind die kleinsten Seevögel Europas; sie haben eine dunkle Farbe und einen weißen Bürzel. Ihr Flug ist unstet und flatternd.

Eissturmvogel

Eissturmvogel

Gelbschnabel-sturmtaucher

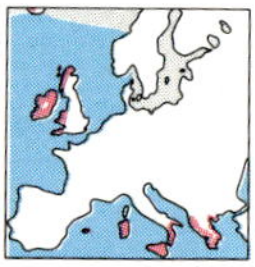
Schwarzschnabel-sturmtaucher

Eissturmvogel *Fulmarus glacialis* 46 cm. Folgt oft Schiffen, kommt mitunter auch an Land. Brütet kolonieweise auf Klippen. Eltern verteidigen ihre Jungen durch Ausspritzen einer öligen, übelriechenden Flüssigkeit. Tritt in zwei Farbphasen auf.

Gelbschnabelsturmtaucher *Calonectris diomedea* 46 cm. Brütet auf Mittelmeerinseln und fliegt im Herbst bis zum Atlantik. Kein Schiffsfolger.

Schwarzschnabelsturmtaucher *Puffinus puffinus* 36 cm. Brütet kolonieweise in Erdhöhlen auf Inseln und Klippen. Folgt nicht den Schiffen. Häufigster europäischer Sturmtaucher.

Kappensturmtaucher *Puffinus gravis* 46 cm. Brütet im Winter im Südatlantik und besucht im Sommer und Herbst den Nordatlantik. Wird auf hoher See gesichtet.

Dunkler Sturmtaucher *Puffinus griseus* 41 cm. Brütet im Winter im Südatlantik und besucht im Sommer und Herbst den Nordatlantik. Mitunter auf dem offenen Meer zu beobachten.

Sturmschwalbe *Hydrobates pelagicus* 15 cm. Nistet auf Inseln in Felsspalten oder im Gemäuer. Folgt im Sommer und Herbst Schiffen, dicht über den Wellen flatternd.

Wellenläufer *Oceanodroma leucorhoa* 20 cm. Brütet in Höhlen auf Inseln. Flug unregelmäßiger als der der Sturmschwalbe. Begleitet keine Schiffe.

Gelbschnabel-sturmtaucher

Kappensturmtaucher

Dunkler Sturmtaucher

Schwarzschnabel-sturmtaucher

Wellenläufer

Sturmschwalbe

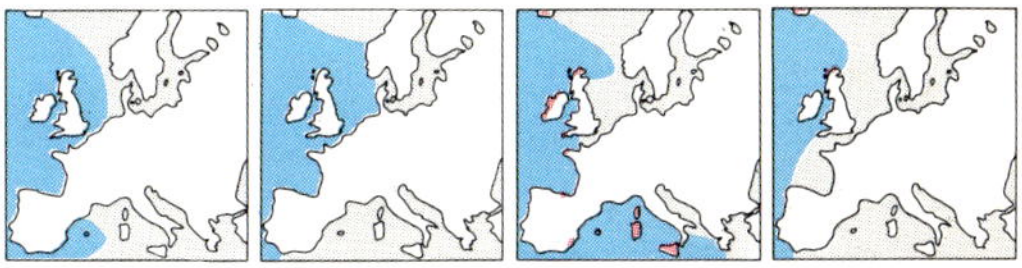

Kappensturmtaucher | Dunkler Sturmtaucher | Sturmschwalbe | Wellenläufer

WICHTIGE KENNZEICHEN

Eissturmvogel Dickhalsig; kräftiger Schnabel; hellgrau mit weißem Kopf und weißer Unterseite (helle Phase) oder insgesamt rauchgrau (dunkle Phase).

Gelbschnabelsturmtaucher Graubrauner Kopf; gelber Schnabel.

Schwarzschnabelsturmtaucher Schwarze Oberseite und weiße Unterseite; klein.

Kappensturmtaucher Schwarze Kopfplatte und weiße Kehle; weißer Fleck an der Schwanzwurzel.

Dunkler Sturmtaucher Einfarbig schwarz; schmalflügelig.

Sturmschwalbe Gerades Schwanzende; flatternder Flug.

Wellenläufer Flach gegabelter Schwanz; hüpfender Flug.

Tölpel, Pelikane und Kormorane

Ordnung Pelecaniformis

Eine Kolonie des Baßtölpels.
Die Jungvögel sind dunkler gefärbt.

Tölpel (Familie Sulidae), Pelikane (Familie Pelecanidae) und Kormorane (Familie Phalacrocoracidae) sind die größten Seevögel Europas. Die Füße sind kurz und alle Zehen durch Schwimmhäute verbunden. Bemerkenswert ist die unterschiedliche Art des Beuteerwerbs.

WICHTIGE KENNZEICHEN

Baßtölpel Körper weiß mit spitzem Schwanz; Flügelspitzen schwarz; gelber Kopf mit blauem Augenring.

Rosapelikan Unterseite der Flügel mit weißem Vorderrand und schwarzen Schwingen; fleischfarbene Füße.

Krauskopfpelikan Unterseite der Flügel bis auf die dunkle Spitze weiß; graue Füße.

Kormoran Atlantikform: schwarz mit weißem Kinn. Festlandform: schwarz mit weißem Kopf und Hals.

Krähenscharbe Grünschwarz; gelbe Schnabelbasis.

Zwergscharbe Brutkleid: Gefieder dunkel gefleckt; rotbrauner Kopf. Außerhalb der Brutzeit: Gefieder ungefleckt; weiße Kehle und rotbraune Brust.

Baßtölpel *Sula bassana* 91 cm. Brütet im Sommer in starken Kolonien auf Felseninseln. An das Meer gebunden, oft weit draußen auf See; folgt den Schiffen. Stürzt sich beim Fischfang kopfüber ins Wasser.

Rosapelikan *Pelecanus onocrotalus* 168 cm. Brütet in Sümpfen im östlichen Mittelmeergebiet. Im Winter auch an der Küste zu beobachten. Fischt mit Hilfe des dehnbaren Hautsackes am Unterschnabel. Selten.

Krauskopfpelikan *Pelecanus crispus* 168 cm. Bewohnt das gleiche Gebiet und zeigt dasselbe Verhalten wie der Rosapelikan. Selten.

Kormoran *Phalacrocorax carbo* 91 cm. An Küsten und gelegentlich an Binnengewässern. Fliegt dicht über das Wasser, auf das er sich vor dem Tauchen niederläßt. Sitzt aufrecht, oft mit halbgeöffneten Flügeln. Die Atlantikform findet sich in England, Norwegen und Island und brütet auf Felsklippen; die Festlandform nistet auf Bäumen und Büschen.

Krähenscharbe *Phalacrocorax aristotelis* 76 cm. Kleiner als der Kormoran, dem sie im Verhalten gleicht. Im Binnenland selten. Brütet auf Küstenfelsen.

Zwergscharbe *Phalacrocorax pygmaeus* 48 cm. Gewöhnlich auf Binnengewässern und in Sümpfen. Nester auf Bäumen und Büschen.

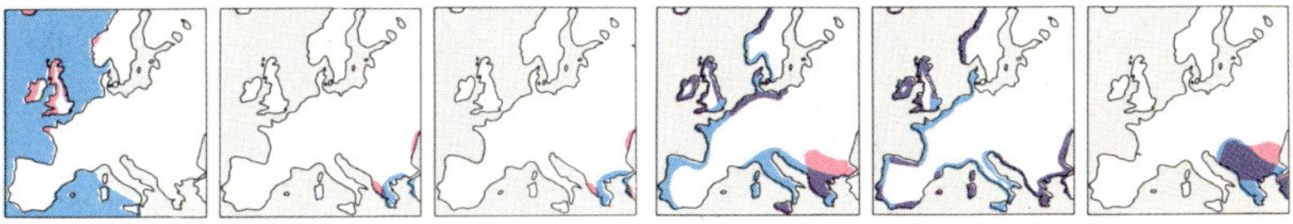

Baßtölpel | Rosapelikan | Krauskopfpelikan | Kormoran | Krähenscharbe | Zwergscharbe

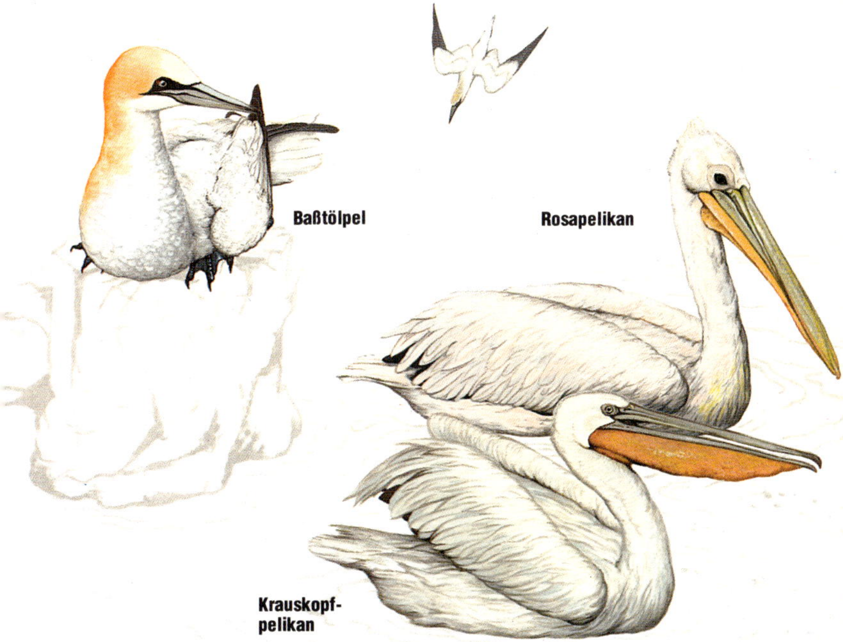

Reiher und Verwandte

Ordnung Ciconiiformes

Diese eleganten, langbeinigen Vögel waten vor allem in flachem Wasser, wo sie mit ihrem langen Hals und Schnabel Wassertiere erbeuten. Manche Reiher spannen beim Fischen die Flügel aus, vielleicht, um die Spiegelung des Himmels auszuschalten. Reiher und Rohrdommeln (Familie Ardeidae) sowie Störche (Familie Ciconiidae) haben gerade, spitze Schnäbel. Im Flug sind sie leicht zu unterscheiden, da die Störche ihren Hals ausgestreckt, die Reiher und Rohrdommeln aber angewinkelt halten. Ibisse, Löffler und Flamingos zeichnen sich durch ungewöhnliche Schnabelformen aus.

Purpurreiher

Fischreiher

Fischreiher *Ardea cinerea* 91 cm. Der häufigste und größte Reiher in Europa. An Flüssen, Seen und an der Küste, wo er im oder nahe am Wasser steht und auf Beute lauert. Nistet in Kolonien, meist auf Bäumen.

Purpurreiher *Ardea purpurea* 79 cm. Lebt in Sümpfen, wo er koloniewelse im Röhricht, gelegentlich auch auf Büschen, brütet.

Seidenreiher *Egretta garzetta* 58 cm. In flachen Gewässern und Sümpfen. Nistet in Wassernähe. Im Sommer mit lang herabhängender Haube.

Silberreiher *Egretta alba* 89 cm. In Sümpfen, an See- und Flußufern. Nistet im Röhricht. Ähnelt dem vorigen Reiher, ist aber größer und seltener.

Rallenreiher *Ardeola ralloides* 46 cm. In Sümpfen, Morasten und Lagunen, versteckt lebend. Nistet im Röhricht oder auf Büschen. Erinnert an die Rohrdommel.

Nachtreiher *Nycticorax nycticorax* 61 cm. In der Dämmerung auf Nahrungssuche an Teichrändern und in offenem Sumpfgelände; tagsüber im Gebüsch und auf Bäumen.

Nacht-
reiher

Seidenreiher

Rallenreiher

Silberreiher

WICHTIGE KENNZEICHEN

Fischreiher Groß; hellgrau und weiß; lange, schwarze Haube; schwarze Flügelränder.

Purpurreiher Langer, S-förmiger, kastanienbrauner Hals mit schwarzen Streifen; gelbbraune Unterseite.

Seidenreiher Gelbe Füße; im Sommer mit langer, weißer Haube.

Silberreiher Schwarze Füße; im Sommer ohne Haube.

Rallenreiher Dickhalsig und untersetzt; blaß semmelbrauner Körper mit weißen Flügeln; im Flug überwiegend weiß.

Nachtreiher Untersetzt und kurzbeinig; schwarzer Rücken; weiße Brust; schwarze Kopfkappe.

Fischreiher

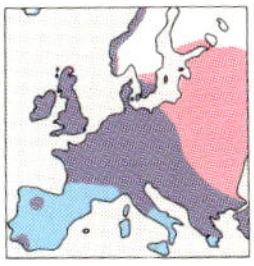

Purpurreiher

Seidenreiher

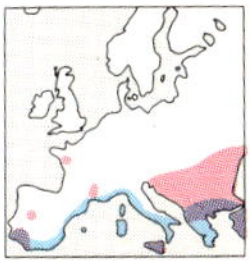

Silberreiher

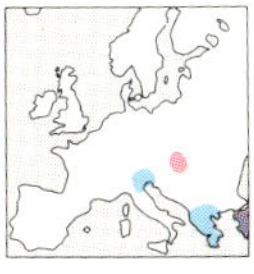

Rallenreiher

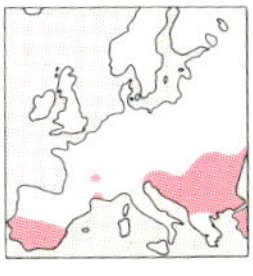

Nachtreiher

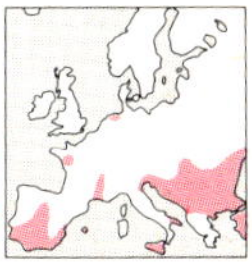

Zwergdommel *Ixobrychus minutus* 36 cm. An vegetationsreichen Ufern. Nistet in dichtem Röhricht in Wassernähe. Bei Gefahr Pfahlstellung einnehmend.
Rohrdommel *Botaurus stellaris* 76 cm. Lebensraum und Verhalten wie bei der Zwergdommel, doch wesentlich größer als diese. Bei Gefahr typische Pfahlstellung mit senkrecht nach oben gerichtetem Schnabel. Nebelhornähnlicher Ruf.
Weißstorch *Ciconia ciconia* 102 cm. In Sümpfen, feuchten Wiesen und Auen. Nistet auf Gebäuden und auf Bäumen. Schreitet langsam und gemessen.
Schwarzstorch *Ciconia nigra* 96 cm. In sumpfigen Auen innerhalb von Waldungen. Nistet auf hohen Waldbäumen. Selten.
Löffler *Platalea leucorodia* 86 cm.

Ein Storchenpaar hat sein Nest auf einer Kaminhaube gebaut.

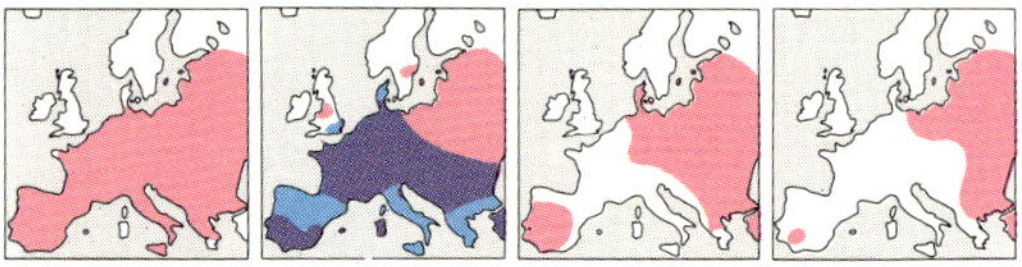

Zwergdommel Rohrdommel Weißstorch Schwarzstorch

In verschilften Gewässern, Sümpfen und Flußmündungen. Nistet kolonieweise im Röhricht, auf Bäumen und Büschen. Mit dem langen, spatelförmigen Schnabel fischt er kleine Wassertiere. Selten.

Sichler *Plegadis falcinellus* 56 cm. In Sümpfen und auf Schlammflächen. Nistet kolonieweise im Röhricht über flachem Wasser sowie auf Bäumen oder Büschen, oft gemeinsam mit Reihern. Der herrliche Glanz des Gefieders ist nur aus der Nähe zu erkennen, sonst erscheint es schwarz. Selten.

Flamingo *Phoenicopterus ruber* 125 cm. In großen Kolonien in Südfrankreich (Camargue), wo er auch brütet, und in Südspanien (Coto de Donana), wo er jedoch nur selten brütet. Einzelvögel sind zumeist entflogen. Watet im flachen Wasser, aus dem er mit seinem abgeknickten

Löffler Sichler Flamingo

Schnabel kleine Tiere seiht, und nistet auf Schlammbänken oder aufgehäuften Schlammnestern.

WICHTIGE KENNZEICHEN

Zwergdommel Geringe Größe; schwarze Flügel mit gelblich-weißem Fleck; Rücken schwarz (Männchen) oder dunkelbraun (Weibchen).

Rohrdommel Große Gestalt; in Pfahlstellung mit senkrecht nach oben gerichtetem Schnabel; dröhnender Ruf.

Weißstorch Hals und Oberseite weiß, Schnabel und Beine rot.

Schwarzstorch Hals und Oberseite schwarz.

Löffler Langer, schwarzer, löffelförmiger Schnabel (bei Jungvögeln rosa).

Sichler Langer Bogenschnabel.

Flamingo Abgeknickter Schnabel; Hals und Beine sehr lang; Flügel scharlachrot und schwarz (im Flug).

Löffler

Sichler

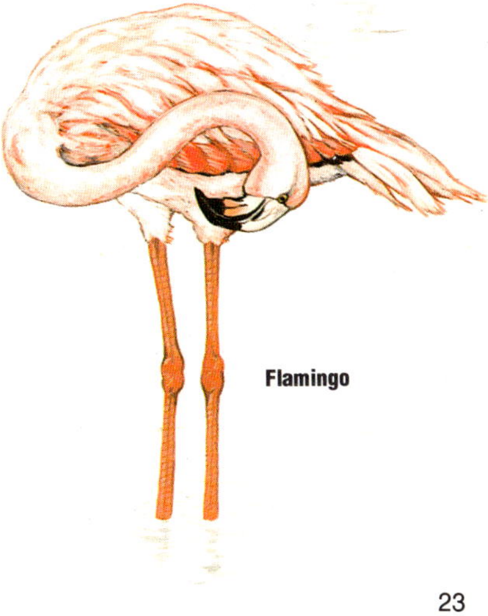

Flamingo

Gänsevögel

Ordnung Anseriformes Familie Anatidae

Diese Vogelgruppe umfaßt Enten, Gänse und Schwäne. Als Wasservögel, mit breiten Häuten zwischen den Zehen, sind sie gute Schwimmer. Die Jungen werden mit Dunen geboren und können bald nach dem Schlupf laufen und schwimmen. Viele Arten trifft man sowohl auf Parkteichen wie auch in freier Wildbahn an.

Stockente

Enten

Enten sind gewöhnlich kleiner und kurzhalsiger als Gänse und Schwäne. Außerdem haben die beiden Geschlechter ein unterschiedliches Gefieder, obwohl die Erpel (Männchen) nach der Mauser im Spätsommer einige Zeit den Weibchen ähneln. Enten nisten am Boden oder in Höhlen.

Schwimmenten leben in flacherem Wasser, wo sie nach tierischer und pflanzlicher Nahrung gründeln. Sie fliegen ohne Anlauf sofort vom Wasser auf und haben meist einen prächtig gefärbten »Spiegel« am Hinterrand des Flügels. Die Farbe des Spiegels ist für die Bestimmung der einfarbigeren Weibchen von Bedeutung.

Tauchenten bevorzugen tiefere Gewässer, in denen sie nach Wasserpflanzen und -tieren tauchen. Ihre Beine sind weiter zurückgesetzt, und sie rennen beim Abflug über die Wasserfläche. Die dritte Gruppe der Enten, die *Säger,* sind ebenfalls Taucher, doch haben sie schlanke Schnäbel mit Hornzähnen an den Rändern, die sich gut zum Fischfang eignen.

Krickente

Stockente *Anas platyrhynchos*
58 cm. Schwimmente. Eine sehr häufige Art auf fast jedem Gewässer, im Winter auch an Küsten; oft in Trupps. Von ihr stammen alle europäischen Hausenten ab.
Krickente *Anas crecca* 36 cm. Schwimmente. Kleinste europäische Ente. Im Sommer besonders auf verschilften Teichen, im Winter auf mehr offenen Gewässern.
Knäkente *Anas querquedula*
38 cm. Schwimmente. Bevorzugt Binnengewässer.
Schnatterente *Anas strepera*
51 cm. Schwimmente. Bevorzugt Binnengewässer.
Pfeifente *Anas penelope* 46 cm. Schwimmente. Bevorzugt im Sommer Binnengewässer, im Winter in Trupps an den Küsten.

WICHTIGE KENNZEICHEN

Stockente Männchen: dunkelgrüner Kopf; tiefbraune Brust. Weibchen: purpurblauer Spiegel.

Krickente Männchen: brauner und grüner Kopf. Weibchen: klein; grüner Spiegel.

Knäkente Männchen: weißer Streifen am Kopf. Weibchen: blaugraue Vorderflügel; undeutlicher Flügelspiegel.

Schnatterente Männchen: grauer Körper mit schwarzem Hinterende; kastanienbraune Flügeldecken; schwarz-weißer Spiegel. Weibchen: weißer Bauch; schwarz-weißer Flügelspiegel.

Pfeifente Männchen: rotbrauner Kopf mit hellem Scheitel; weißer Flügelfleck. Weibchen: weißer Bauch; schwarzer und grüner Spiegel.

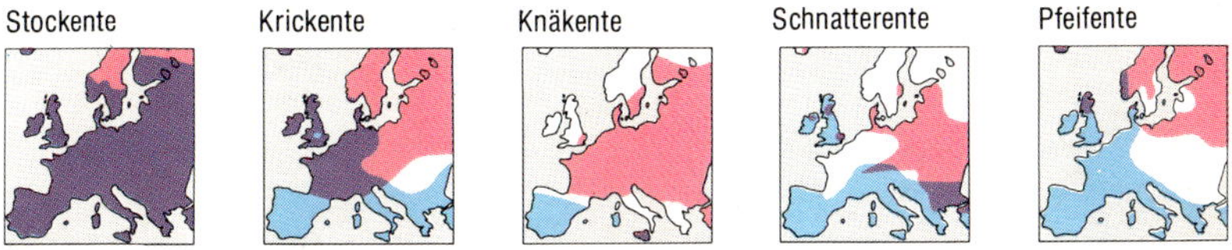

Erpel der Mandarinente

WICHTIGE KENNZEICHEN

Spießente Große, aber schlanke Gestalt. Männchen: langer zugespitzter Schwanz; weißer Halsstreifen. Weibchen: dünner Hals und langer Schwanz.

Löffelente Löffelförmiger Schnabel. Männchen: grüner Kopf, weiße Brust und rostbraune Flanken. Weibchen: blaue Vorderflügel mit dunkelgrünem Spiegel.

Mandarinente Männchen: orangefarbener »Backenbart«; orangefarbene »Segel« auf den Flügeln. Weibchen: weißer Augenring und -streifen; weißes Kinn; gefleckte Unterseite.

Kolbenente Männchen: kastanienbrauner Kopf mit rotem Schnabel; breites weißes Flügelband; weiße Flanken. Weibchen: graubraun mit hellen Wangen und schmutzig weißem Flügelband.

Bergente Männchen: wie Reiherente, doch ohne Federbusch und mit grauem Rücken. Weibchen: wie Reiherente, doch ohne Federbusch und mit großem weißen Fleck am Schnabelgrund.

Reiherente Männchen: herabhängender Federbusch; dunkler Kopf und Hals, schwarzer Rücken und Schwanz, weißer Bauch. Weibchen: kleiner Federbusch; kleiner heller Fleck am Schnabelgrund; weißes Flügelband.

Spießente *Anas acuta* 63 cm. Schwimmente. Bevorzugt im Sommer Binnengewässer, im Winter vor allem an den Küsten.

Löffelente *Anas clypeata* 51 cm. Schwimmente. Meist auf Teichen und in Sümpfen. Mit dem breiten Löffelschnabel filtert sie Pflanzen und kleine Tiere aus dem Wasser.

Mandarinente *Aix galericulata* 46 cm. Schwimmente. Aus China eingeführt; vor allem in Parks und auf Zierteichen, zum Teil in halbwildem Zustand. Brütet in Baumhöhlen.

Kolbenente *Netta rufina* 56 cm. Tauchente. Bevorzugt Binnengewässer. Selten.

Bergente *Aythya marila* 46 cm. Tauchente. Nistet im Binnenland, sonst in Meeresbuchten und Flußmündungen anzutreffen.

Reiherente *Aythya fuligula* 43 cm. Tauchente. Häufig auf Seen und Teichen; im Winter an den Küsten und in Flußmündungen.

Spießente

Mandarinente

Löffelente

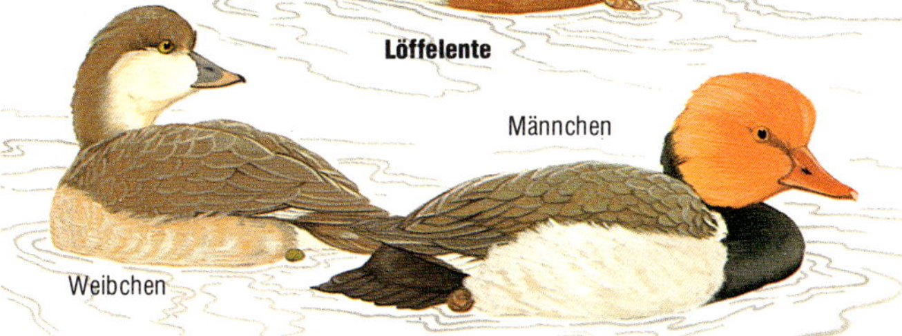

Kolbenente

Bergente

Reiherente

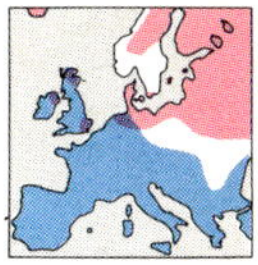

Spießente

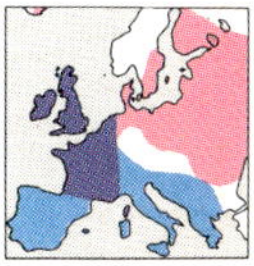

Löffelente

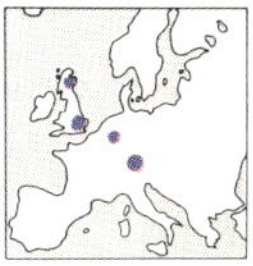

Mandarinente

Kolbenente

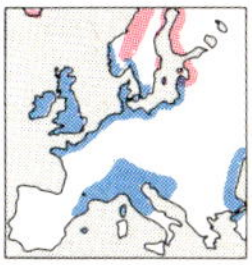

Bergente

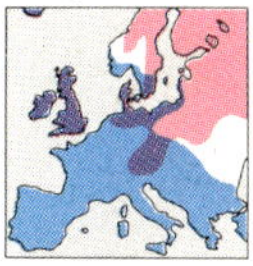

Reiherente

Tafelente *Aythya ferina* 46 cm. Tauchente. Nistet in dichtem Röhricht, sonst auf Seen und in Flußmündungen anzutreffen.

Moorente *Aythya nyroca* 41 cm. Tauchente. Nistet im Röhricht von Binnengewässern. Im Winter auf offenen Binnengewässern, selten an der Küste.

Schellente *Bucephala clangula* 46 cm. Tauchente. Nistet in Baumhöhlen und Kaninchenbauen in Wassernähe. Im Winter auf Seen, Flüssen und Küstengewässern. Bei der Balz im zeitigen Frühjahr recken die Erpel den Schnabel nach oben. Im Fluge erzeugen die Flügel ein Pfeifen.

Eisente *Clangula hyemalis* 51 cm (Weibchen 41 cm). Tauchente. Nistet auf Seeinseln in der Tundra; winters an den Küsten.

Samtente *Melanitta fusca* 56 cm. Tauchente. Brütet gewöhnlich an nördlichen Binnenseen; winters an den Küsten und auf großen Seen.

Trauerente *Melanitta nigra* 51 cm. Nistet im Inland und auf Inseln; winters meist an den Küsten.

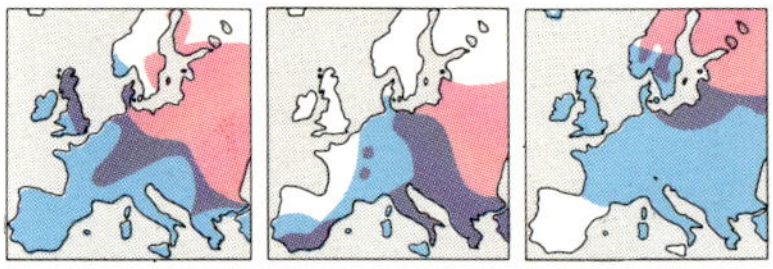

Tafelente Moorente Schellente

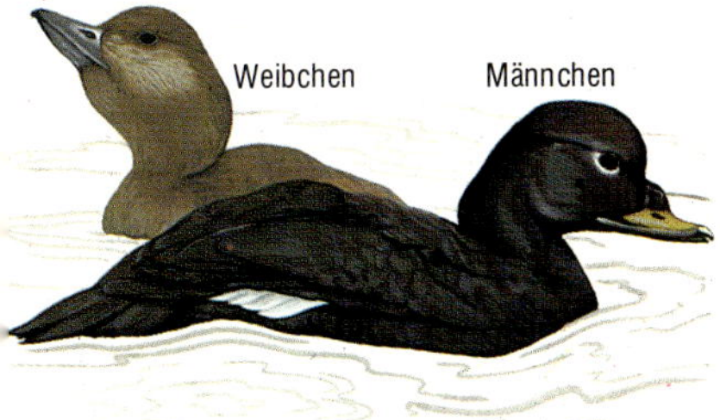

Samtente

Trauerente

WICHTIGE KENNZEICHEN

Tafelente Männchen: dunkel kastanienbrauner Kopf und Hals mit hellgrauem Rücken; schwarze Brust. Weibchen: brauner Kopf mit hellem Augenstreifen; blauer Schnabelring; graue Flügelbinde.

Moorente Männchen: Kopf, Hals und Brust dunkel kastanienbraun; weiße Augen; weiße Unterschwanzdecken; weiße Flügelbinde. Weibchen: wie der Erpel, aber matter braun, mit braunen Augen; weiße Unterschwanzdecken und weiße Flügelbinde.

Schellente Männchen: runder weißer Fleck vor dem Auge. Weibchen: brauner Kopf mit weißem Halsband.

Eisente Männchen: langer, spitzer Schwanz; dunkler Kopf und Hals mit weißem Gesichtsfleck (Sommer) oder weißer Kopf und Hals mit dunklem Halsfleck (Winter). Weibchen: weißes Gesicht und Bauch mit dunklem Rücken, dunklen Schultern und Flügeln.

Samtente Männchen: schwarz bis auf einen weißen Fleck unter dem Auge und weiße Flügelbinde. Weibchen: zwei weißliche Flecken auf jeder Kopfseite; weiße Flügelbinde.

Trauerente Männchen: schwarz bis auf orangefarbenen Schnabelfleck; schwarzer Höcker am Schnabelgrund. Weibchen: dunkler Scheitel; weißliche Wange.

Eisente

Samtente

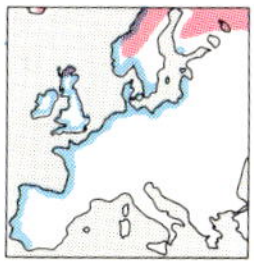

Trauerente

Eisente

Eiderente *Somateria mollissima* 61 cm. Tauchente. Ans Meer gebunden, nur selten im Binnenland. Nistet an der Küste und polstert das Nest mit weichen Brustfedern, den Eiderdaunen, aus.

Weißkopf-Ruderente *Oxyura leucocephala* 46 cm. Tauchente. An verschilften Binnengewässern. Stellt ihren langen, spitzen Schwanz beim Schwimmen oft aufrecht. Selten.

Mittelsäger *Mergus serrator* 56 cm. Säger (siehe Seite 24). Nistet in Wassernähe, das Nest zwischen Vegetation (Heidekraut) oder Felsen versteckt. Im Winter vor allem an den Küsten.

Gänsesäger *Mergus merganser* 66 cm. Säger. Nistet in Baum- oder Erdhöhlen in Wassernähe. Bleibt im Winter im Binnenland.

Zwergsäger *Mergus albellus* 41 cm. Säger (wirkt entenartig). Brütet in Baumhöhlen am Wasser. Im Winter auch an der Küste anzutreffen.

Brandente *Tadorna tadorna* 61 cm. Große gänseartige Ente. Nistet in Baumhöhlen oder Kaninchenbauen unter Buschwerk. Im Winter hauptsächlich am Meer, meist an Sandküsten. Geschlechter fast gleich.

Eiderente

Eiderente

Weißkopf-Ruderente

Mittelsäger

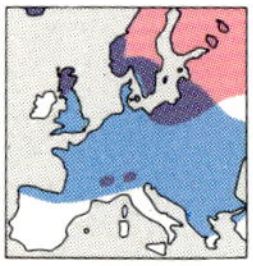
Gänsesäger

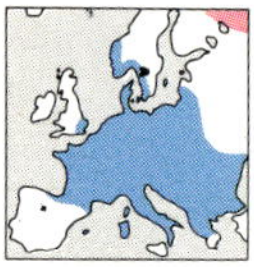
Zwergsäger

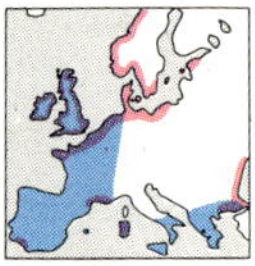
Brandente

Gänsesäger, in einer Baumhöhle nistend

Gänsesäger

WICHTIGE KENNZEICHEN

Eiderente Männchen: weißer Rücken und schwarzer Bauch. Weibchen: braun, dicht schwarz gebändert.

Weißkopf-Ruderente Männchen: weißer Kopf: blauer Schnabel (im Sommer). Weibchen: helle Wangen mit dunkler Linie.

Mittelsäger Männchen: grünlich-schwarzer Kopf mit Doppelhaube, weißes Halsband und rostbraunes Brustband. Weibchen: rostbrauner Kopf mit Doppelhaube.

Gänsesäger Männchen: dunkelgrüner Kopf mit langem, schmalem roten Schnabel; weiße, rot übertönte Brust und Flanken. Weibchen: wie beim Mittelsäger, mit nur einer Haube und auffallend weißer Kehle.

Zwergsäger Männchen: weiß, mit schwarzen Flecken, besonders einem auffallenden Augenfleck. Weibchen: weiße Wangen und Kehle mit rotbrauner Kappe und Nacken.

Brandente Männchen: grünlich-schwarzer Kopf und weißer Körper mit breitem fuchsroten Band; roter Schnabelhöcker. Weibchen: wie der Erpel, aber ohne roten Schnabelhöcker.

Weißkopf-Ruderente

Zwergsäger

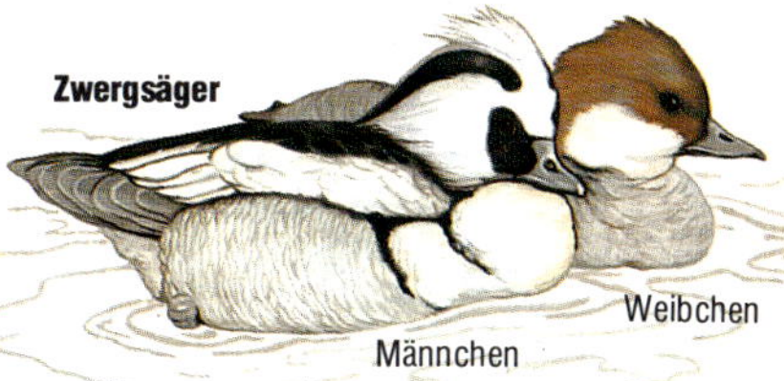

Brandente

Mittelsäger

Gänse

Graugans

Gänse stehen größenmäßig zwischen Enten und Schwänen. Sie suchen ihre Nahrung vor allem an Land und können mit ihren weiter vorn ansetzenden Beinen gut laufen. Die Geschlechter sind gleich gefärbt. Gänse der Gattung *Anser* sind graubraun, solche der Gattung *Branta* schwarz und weiß.

Bläßgans

Graugans *Anser anser* 84 cm. Eine sehr bekannte Art. Nistet gesellig in Sümpfen, Mooren, in sumpfigem Dickicht und auf Inselchen. Im Winter auf Feldern, in Sumpfniederungen und Flußmündungen. Es gibt zwei Unterarten: eine westliche Unterart *(A. a. anser)*, die in Island, England und Westeuropa heimisch ist, und eine östliche *(A. a. rubrirostris)*, die in Osteuropa anzutreffen ist. Alle Hausgänse stammen von der Graugans ab.

Bläßgans *Anser albifrons* 71 cm. In den gleichen Lebensräumen wie die Graugans im Winter, brütet aber im hohen Norden. Man unterscheidet zwei Unterarten. Die grönländische Unterart *(A. albifrons flavirostris)* überwintert vor allem in Irland und Westschottland, die Nominatform *(A. a. albifrons)* brütet in Nordrußland und überwintert in England und im kontinentalen Europa.

Zwerggans *Anser erythropus* 61 cm. Im Vorkommen und Aussehen ähnlich der Bläßgans, aber kleiner.

Saatgans *Anser fabalis* 76 cm. Nistet in der offenen Tundra oder unter Bäumen; überwintert auf Wiesenflächen in Wassernähe.

Kurzschnabelgans *Anser brachyrhynchus* 68 cm. Nistet in der Tundra oder in Felsschluchten; überwintert wie die Saatgans.

WICHTIGE KENNZEICHEN

Graugans Rosa Beine und Füße; Kopf und Hals nicht dunkler als der Körper; orangefarbener (westliche Unterart) oder fleischfarbener Schnabel (östliche Unterart).

Bläßgans Weißer Fleck am Schnabelgrund; unregelmäßige schwarze Querflecken am Bauch; rötlicher (Nominatform) oder gelber bis orangefarbener Schnabel (grönländische Unterart).

Zwerggans Wie die Nominatform der Bläßgans, aber mit gelbem Augenring und größerem weißen Fleck.

Saatgans Orangegelbe Füße und Beine; dunkler Kopf und Hals; schwarz und orangegelber Schnabel.

Kurzschnabelgans Wie die Saatgans, jedoch mit rötlichen Füßen und Beinen sowie rötlichem und schwarzem Schnabel.

Domestizierte Graugänse

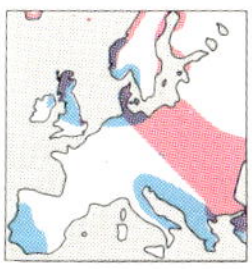

Graugans

Bläßgans

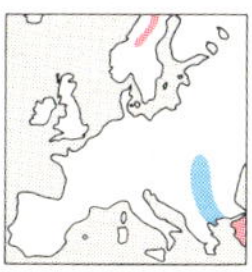

Zwerggans

Saatgans

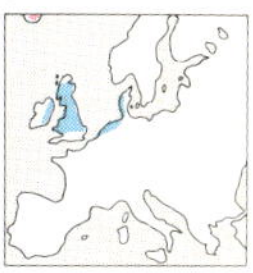

Kurzschnabelgans

Ringelgans *Branta bernicla* 58 cm. Wintergast an Küsten und Flußmündungen. Ernährt sich hauptsächlich von Seegras während der Ebbe. Eine hellbäuchige Unterart *(B. bernicla hrota)* brütet in Grönland und Spitzbergen, die dunkelbäuchige Nominatform *(B.b. bernicla)* im nördlichen Rußland.

Nonnengans *Branta leucopsis* 63 cm. Arktischer Wintergast in Salzsümpfen und Wiesen an Flußmündungen. Nistet in Kolonien auf den Simsen steiler Felsen in der Arktis, gelegentlich auch in der offenen Tundra.

Kanadagans *Branta canadensis* 97 cm. Größte europäische Gans. Aus Nordamerika als Parkvogel eingeführt. Verwilderte Vögel brüten in England und Schweden und überwintern an den Küsten der Nord- und Ostsee. Wilde Vögel nisten auf buschbestandenen Seeinseln und weiden in Sümpfen und auf Feldern in Wassernähe.

WICHTIGE KENNZEICHEN

Ringelgans Schwarzer Kopf und Hals mit kleinem weißen Halsfleck an den Seiten.

Nonnengans Weißes Gesicht; schwarzer Hals und schwarze Brust.

Kanadagans Langer schwarzer Hals, schwarzer Kopf mit weißer Kehle; weißliche Brust.

Ringelgans

Nonnengans

Kanadagans

Schwäne

Schwäne sind die größten Schwimmvögel und an ihrem langen, schlanken Hals zu erkennen. Sie tauchen mit dem Kopf tief in das Wasser, um Pflanzen abzuweiden. Die Geschlechter sind gleich gefärbt. Die schwarzen Schwäne, die in den Parks zu sehen sind, stammen aus Australien. Man sollte sich diesen Vögeln nur mit Vorsicht nähern, besonders zur Brutzeit.

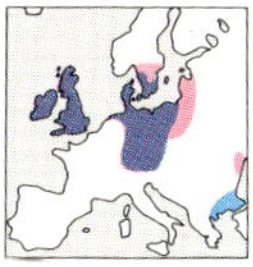
Höckerschwan

Singschwan

Zwergschwan

WICHTIGE KENNZEICHEN

Höckerschwan Orangefarbener Schnabel mit schwarzem Höcker; Hals meist gebogen.
Singschwan Groß; gelber Schnabel mit schwarzer Spitze; Hals steil aufgerichtet.
Zwergschwan Kleiner; schwarzer Schnabel mit gelber Basis; Hals aufgerichtet.

Höckerschwan *Cygnus olor*
152 cm. Sehr häufig. Oft halbdomestiziert als Parkvogel auf Teichen und Flüssen. Brütet gewöhnlich an Gewässerrändern; winters auf offenen Wasserflächen und an geschützten Meeresküsten.

Singschwan *Cygnus cygnus*
152 cm. Brütet in Sümpfen und an Seen im hohen Norden. Überwintert an den Küsten sowie auf Seen und Flüssen. Im Flug laute trompetende Rufe.

Zwergschwan *Cygnus bewickii*
122 cm. Wintergast aus dem hohen Norden. Lebt ähnlich wie der Singschwan, bevorzugt aber größere Wasserflächen in offenem Gelände.

Greifvögel

Ordnung Falconiformes

Die Greifvögel jagen andere Tiere, gewöhnlich lebende Beute am Boden, in der Luft oder im Wasser; sie fressen aber auch Aas. Andere Vögel wie Eulen oder Krähen tun dies auch, doch haben die Greifvögel spitze Krallen, um ihre Beute zu fassen, und einen Hakenschnabel, um sie zu kröpfen. Auch jagen Greifvögel, im Gegensatz zu den meisten Eulen, am Tage.

Greife

Familie Accipitridae

Die meisten Greife schweben hoch in den Lüften, suchen mit scharfen Augen nach Beute und stürzen sich dann auf das meist arglose Opfer. Geier hingegen werden von verendeten Tieren angezogen; neben Aas fressen manche auch Abfälle. Adler suchen zumeist nach lebender Beute. Bussarde und Milane erinnern im Flug an kleine Adler, doch sieht man Bussarde öfters auch auf Bäumen sitzen. Milane sind an ihrem gegabelten Schwanz zu erkennen. Habichte und Weihen fliegen dicht über dem Boden, die ersteren mit schnellem Stoß, die letzteren in ruhigem Gleitflug.

WICHTIGE KENNZEICHEN

Schmutzgeier Langer, dünner Schnabel und nackte gelbe Kopfhaut; weißliches Gefieder mit schwarzen Handschwingen.
Gänsegeier Weißer Kopf und Hals mit weißlicher Halskrause.
Mönchsgeier Dunkle Flecken am Kopf; langer, nackter Hals mit brauner Krause.
Bartgeier Lange, schmale Flügel und langer, keilförmiger Schwanz; rostfarbene Brust.
Steinadler Insgesamt dunkelbraun mit goldgelben Federn an Kopf und Nacken.
Kaiseradler Weiße Schultern; kurzes weißes Flügelband (nur die spanische Form).

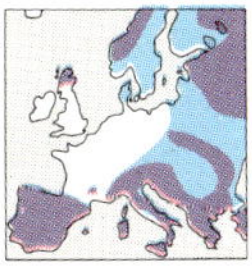

Steinadler

Bartgeier

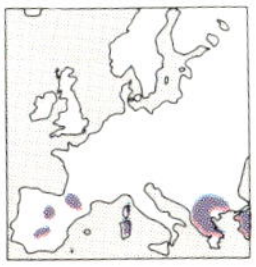

Kaiseradler

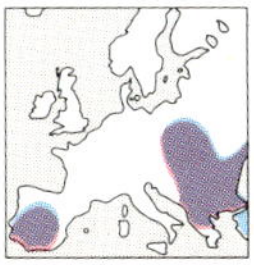

Schmutzgeier *Neophron percnopterus* 63 cm. Gewöhnlich im Gebirge, kommt aber auch an die Abfallhaufen in Ortschaften. Aus Afrika ist bekannt, daß er Steine auf Straußeneier fallen läßt, um sie zu öffnen.
Gänsegeier *Gyps fulvus* 100 cm. Vor allem im Gebirge. Anders als bei Adlern, erscheinen Kopf und Schwanz im Flugbild sehr klein.
Mönchsgeier *Acgypius monachus* 102 cm. Sowohl in den Bergen wie auch in der Ebene, aber selten.
Bartgeier *Gypaetus barbatus* 110 cm. Lebt in entlegenen Bergketten. Einzelgänger, kommt nicht mit anderen Geiern zum Aas. Läßt Knochen aus großer Höhe fallen, so daß sie an Felsen zerschellen.
Steinadler *Aquila chrysaetos* 84 cm. Schwebt meist über einsamen Gebirgswänden, jagt jedoch mehr in Bodennähe. Gelegentlich auch an der Küste oder in Gebirgswäldern. Nistet auf Felsvorsprüngen oder Bäumen.
Kaiseradler *Aquila heliaca* 81 cm. Lebt in Wäldern, Steppen und Sumpfgebieten. Nest auf hohen Einzelbäumen.

Habichtsadler *Hieraaetus fasciatus* 71 cm. Gewöhnlich in felsigem Gebirge, zieht im Winter in die Ebenen. Jagt in schnellem Flug kleine Säuger und Vögel. Nistet an Felswänden, gelegentlich auf Bäumen.

Zwergadler *Hieraaetus pennatus* 51 cm. Meist in Wäldern, wo er auf den Lichtungen jagt. Nistet auf Bäumen. Tritt in zwei Farbphasen auf, von denen die helle Form viel häufiger ist als die dunkle.

Schlangenadler *Circaetus gallicus* 66 cm. An Gebirgshängen, in Schluchten, Wäldern, auf sumpfigen Ebenen und an der Küste. Rüttelt häufig und späht nach Schlangen, Echsen und Fröschen. Nistet auf Bäumen. Kopfgefieder hell oder häufiger dunkel.

Mäusebussard *Buteo buteo* 53 cm. In Wald- und Kulturlandschaften, an Felsküsten und in gebirgigem Gelände. Kreist stundenlang, jagt aber dicht über dem Boden. Nistet auf Bäumen oder Felsvorsprüngen. Gefieder variiert von hell cremefarben bis dunkelbraun.

Rauhfußbussard *Buteo lagopus* 56 cm. Im Sommer an Berghängen, im Winter in Mooren, Sümpfen und auf Feldern. Nistet meist auf Felsklippen oder auf dem Boden der Tundra. Rüttelt häufig, bevor er sich auf kleinere Säuger stürzt; jagt auch Vögel.

Sperber *Accipiter nisus* 33 cm. Hauptsächlich in Wäldern, aber auch in baum- und buschbestandenem Kulturland. Kleine Vögel werden in schnellem, durch den Wald und dicht über Hecken führendem Flug gejagt. Weibchen wesentlich größer als das Männchen. Nistet auf Bäumen oder in hohen Büschen.

Habicht *Accipiter gentilis* 53 cm. Besonders in Nadelwäldern, wo er in gewandtem Flug Vögel jagt. Nistet

meist auf Fichten. Ähnelt dem Sperberweibchen, ist jedoch größer. Weibchen größer als das Männchen.

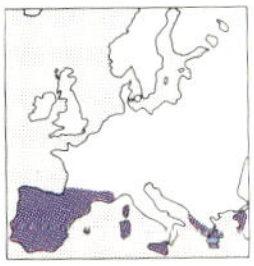

Habichtsadler

Zwergadler

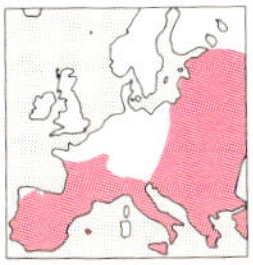

Schlangenadler

Mäusebussard

Rauhfußbussard

Sperber

Habicht

WICHTIGE KENNZEICHEN

Habichtsadler Weiße Unterseite; Flügel oben dunkel oder unten weiß mit einer dunklen Binde.
Zwergadler Größe eines Mäusebussards, aber mit langem schmalem Schwanz.
Schlangenadler Körper und Flügel unterseits weiß, oft mit dunkler Brust und dunklem Kopf.
Mäusebussard Einem kleinen Steinadler ähnlich, aber mit breitem, gerundetem Schwanz.
Rauhfußbussard Dunkler Bauch; weißer Schwanz mit breiter dunkler Endbinde.
Sperber Breite, gerundete Flügel und langer Schwanz; eng gebänderte Unterseite.
Habicht Beide Geschlechter dem Sperber ähnlich, jedoch größer.

Rotmilan *Milvus milvus* 63 cm. Hauptsächlich in bewaldetem Hügelland. Nistet auf Bäumen.

Schwarzmilan *Milvus migrans* 53 cm. In baumbestandenem Gelände, meist in der Nähe von Seen oder Flüssen. In Südeuropa auch an offeneren Stellen und in Ortschaften nach Abfall suchend. Nistet auf Bäumen.

Seeadler *Haliaeetus albicilla* 81 cm. An Küsten und entlegenen Binnengewässern. Fängt Fische an der Oberfläche des Wassers oder taucht nach ihnen; greift auch Säuger und Vögel. Nistet auf Felsvorsprüngen und hohen Bäumen.

Wespenbussard *Pernis apivorus* 53 cm. Vor allem an Waldrändern und Lichtungen. Sucht die Nester von Wespen und Bienen, um ihre Larven zu fressen. Nistet auf Bäumen. Gefieder cremefarben bis dunkelbraun.

Rohrweihe *Circus aeruginosus* 51 cm. Fliegt niedrig über Moore und Sümpfe mit großen Röhrichtbeständen, in denen sie auch nistet.

Kornweihe *Circus cyaneus* 46 cm. In offenem Gelände, in Mooren, Heiden und Sümpfen. Jagt in niedrigem Flug. Nistet am Boden.

Wiesenweihe *Circus pygargus* 43 cm. Teilt dieselben Lebensräume mit der Kornweihe, der sie auch im Verhalten gleicht.

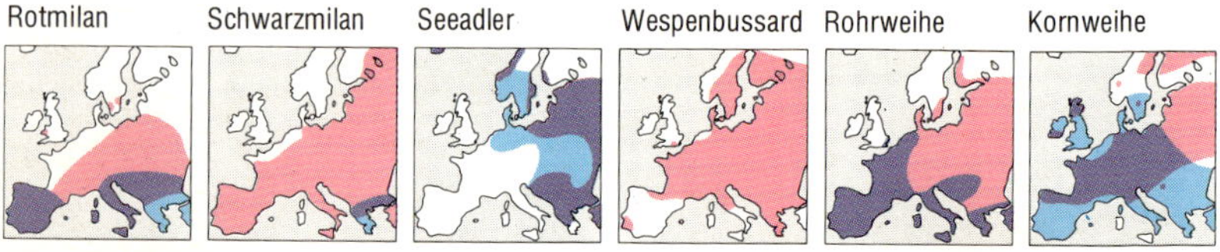

Fischadler

Familie Pandionidae

Der Fischadler unterscheidet sich etwas von allen anderen Greifvögeln und wird deshalb in eine eigene Familie gestellt.

Fischadler *Pandion haliaetus*
56 cm. An größeren Binnengewässern und an den Küsten. Kreist oder rüttelt hoch über dem Wasser und taucht – mit den Füßen voran – nach Fischen. Baumt dann in Wassernähe mit der Beute auf.

Weibchen der Wiesenweihe am Nest.

Wiesenweihe   Fischadler

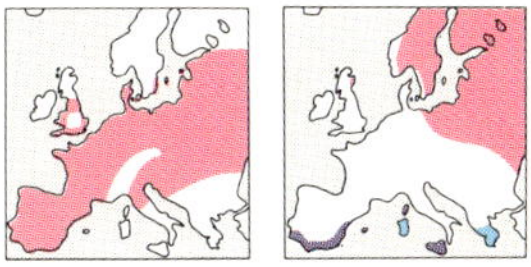

WICHTIGE KENNZEICHEN

Rotmilan Bussardähnlich, aber von rötlicher Färbung und mit tiefgegabeltem Schwanz.
Schwarzmilan Wie der Rotmilan, aber mit dunklem Gefieder und flachgegabeltem Schwanz.
Seeadler Brauner Körper und weißer Schwanz.
Wespenbussard Wie der Mäusebussard, aber längerer Schwanz mit schwarzen Binden.
Rohrweihe Männchen: graue Armschwingen und Schwanz. Weibchen: Scheitel und Kehle dottergelb.
Kornweihe Männchen: grau mit weißem Bürzel und gleich gefärbter Unterseite. Weibchen: bräunlich gestreift, mit weißem Rumpf (ähnlich der Wiesenweihe).
Wiesenweihe Männchen: wie die Kornweihe, aber mit schwarzer Flügelbinde, grauem Bürzel und braungestreifter Unterseite. Weibchen: sehr ähnlich dem Weibchen der Kornweihe.
Fischadler Dunkle Oberseite und weiße Unterseite; weißer Kopf mit schwarzer Seitenlinie.

Falken

Familie Falconidae

Falken sind im allgemeinen kleiner als die anderen Greifvögel; sie haben lange, spitze Flügel und einen langen Schwanz. Bei der Jagd stoßen sie zumeist mit rasender Geschwindigkeit auf ihre Beute. Früher wurden Falken des öfteren zur Jagd abgerichtet. Die Weibchen sind gewöhnlich größer als die Männchen.

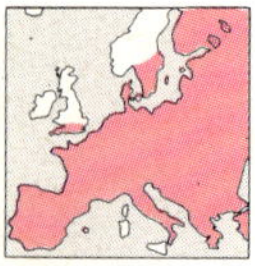
Baumfalke

Wanderfalke
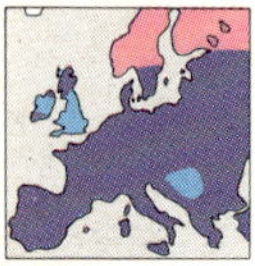

Gerfalke

Lanner

Merlin
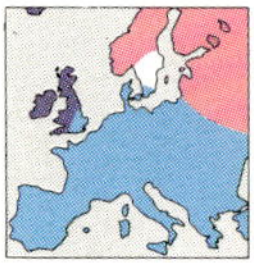

Rötelfalke

Turmfalke

WICHTIGE KENNZEICHEN

Baumfalke Gestreifte Unterseite und rostbraune »Hosen«.
Wanderfalke Helle Unterseite schwarz gebändert; schiefergrauer Rücken; schwarzer Bartstreifen.
Gerfalke Wie ein großer Wanderfalke, aber mit heller grauem oder seltener weißem Gefieder; ohne Bartstreifen.
Lanner Ähnlich dem Wanderfalken, aber mit braunem Rücken und hellbraunem Scheitel.
Merlin Männchen: blaugrauer Rücken und rotbraun gefleckte Unterseite. Weibchen: wie das Männchen, aber mit braunem Rücken.
Rötelfalke Männchen: Wie Turmfalke, Rücken und Flügel aber ungefleckt. Weibchen: dem Turmfalken ähnlich.
Turmfalke Männchen: graublauer Kopf und Nacken, rotbraune gefleckte Oberseite; grauer Schwanz mit schwarzer Binde. Weibchen: wie das Männchen, doch Kopf und Nacken braun; Oberseite und der braune Schwanz gebändert.

Baumfalke *Falco subbuteo* 33 cm. In lichten Wäldern und Kulturland mit zerstreutem Baumwuchs. Jagt kleinere Vögel wie Schwalben, Lerchen usw. sowie größere fliegende Insekten. Nistet auf Bäumen, meist in alten Krähennestern.
Wanderfalke *Falco peregrinus* 43 cm. Hält sich gerne an steilen Felsen auf, wo er auch nistet, aber auch in der Ebene und in Sümpfen (im Winter) sowie in offenen Wäldern und Städten. Stürzt sich rasend schnell und mit fast geschlossenen Flügeln senkrecht auf seine Beute, besonders Vögel (Tauben). Durch die Verwendung von Pestiziden und durch Aushorstungen sehr selten geworden.
Gerfalke *Falco rusticolus* 53 cm. Lebt in Felsgebieten, an Waldrändern sowie an Meeresküsten. Nistet auf Felsklippen. Jagt wie der Wanderfalke, dem er in der Schnelligkeit gleichkommt.
Lanner *Falco biarmicus* 43 cm. An felsigen Gebirgshängen und in steinigen Ebenen. Nistet an Felsen, mitunter auf Bäumen. Fliegt ähnlich wie der Wanderfalke, jagt jedoch kleinere Vögel.
Merlin *Falco columbarius* 30 cm. Im Sommer in offenen und hügeligen Landschaften sowie in Sumpfgebieten, winters auch an der Küste. Nistet am Boden oder auf Bäumen. Jagt dicht über dem Boden kleinere Vögel, doch rüttelt er auch.
Rötelfalke *Falco naumanni* 30 cm. In offenem, felsigem oder sumpfigem Gelände, oft auch auf Feldern in der Nähe von Ortschaften. Nistet in Felsnischen und auf Gebäuden. Dem Turmfalken ähnlich, rüttelt aber seltener.
Turmfalke *Falco tinnunculus* 33 cm. Recht zahlreich in allen Landschaften, oft auch in Städten und am Rande von Autostraßen. Rüttelt häufig, gegen den Wind gestellt, und stößt in steilem Winkel auf kleine Nager, Insekten und andere Beute.

Hühnervögel Ordnung Galliformes

Diese Vögel sind von plumper Gestalt, mit kurzen, abgerundeten Flügeln. Sie fliegen nur selten sehr weit oder hoch und ziehen es vor, zu laufen oder sich bei Gefahr zu verstecken. Erst im letzten Augenblick fliegen sie auf, und zwar mit einem schnellen Start. Als Bodenvögel können sie sehr gut laufen, und mit ihren kräftigen Füßen scharren sie nach Sämereien und Insekten. Auch ihre Nester stehen auf dem Boden. Die Jungen der Hühnervögel sind Nestflüchter. Die Hähne haben in der Regel ein sehr prächtiges Gefieder.

Haselhuhn

Rauhfußhühner
Familie Tetraonidae

Die Läufe und oft auch die Zehen dieser Vögel, die in nördlichen Gebieten leben, sind befiedert.

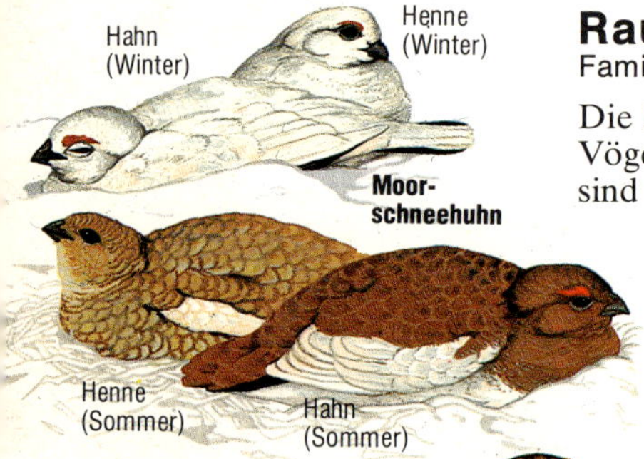

Moorschneehuhn

Schottisches Moorschneehuhn

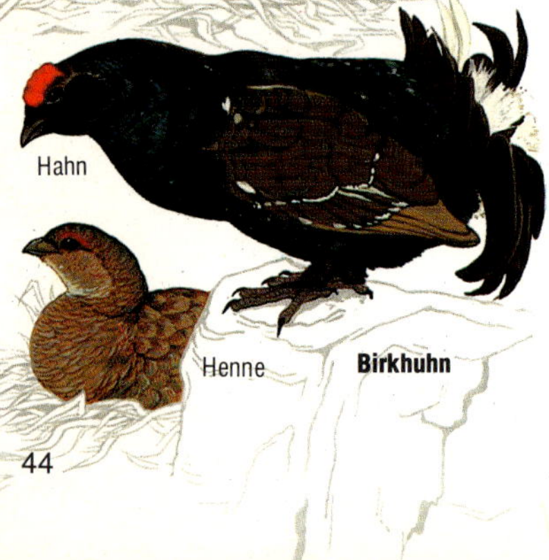

Birkhuhn

Moorschneehuhn *Lagopus lagopus* 38 cm. In Mooren und Heidegebieten mit Birken und Wacholdergestrüpp. Die Farbe wechselt von rein Weiß im Winter zu Braun und Weiß im Sommer, so daß der Vogel jeweils gut getarnt ist.

Schottisches Moorschneehuhn *Lagopus lagopus scoticus* 38 cm. Die in England verbreitete Form des Moorschneehuhns zeigt keinen Wechsel in der Färbung. Sein dunkles Rotbraun ist allenfalls im Sommer etwas heller. In Moorgebieten mit Rausch- und Moosbeere, im Winter auch auf Feldern.

Alpenschneehuhn *Lagopus mutus* 36 cm. An steinigen Berghängen, meist über der Baumgrenze. Die Farbe wechselt von Braun und Weiß

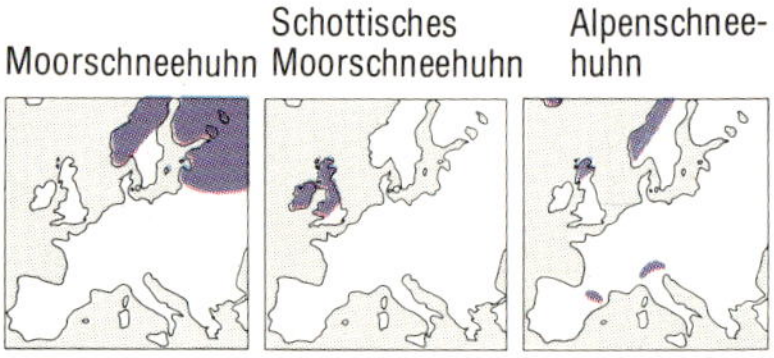

im Sommer über Grau und Weiß im Herbst zu rein Weiß im Winter. Auf diese Weise wird es von seinen Verfolgern (Adler, Fuchs) nicht so leicht entdeckt.

Birkhuhn *Lyrurus tetrix* Hahn 53 cm, Henne 41 cm. In Heiden, Torfmooren und Gelände mit einzelnen Bäumen. Im Frühjahr versammeln sich die Vögel an Balzplätzen, wo die Hähne unter Flügelspreizen und Aufstellen des leierförmigen Schwanzes vor den Hennen balzen.

Auerhuhn *Tetrao urogallus* Hahn 86 cm, Henne 61 cm. In Nadelwäldern des Hügellandes und der Gebirge. Bei der Balz stellt der Hahn seinen Schwanz fächerartig auf.

Haselhuhn *Tetrastes bonasia* 36 cm. Lebt in Mischwäldern (Espen und Birken), wo es sich in der dichten Vegetation versteckt hält.

Birkhuhn

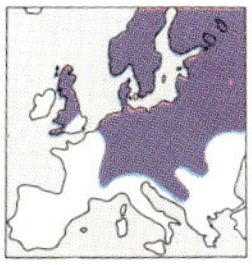

Auerhuhn

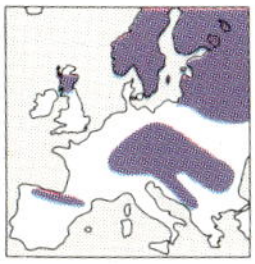

Haselhuhn

WICHTIGE KENNZEICHEN

Moorschneehuhn Hahn: im Sommer rotbraun, Flügel und Bauch weiß; im Winter rein weiß mit schwarzem Schwanz (wie die Henne des Alpenschneehuhns). Henne: im Sommer wie der Hahn, doch weniger rot und mehr gestreift; im Winter wie der Hahn.

Schottisches Moorschneehuhn Hahn: rotbraun mit dunklen Flügeln und Schwanzrändern. Henne: wie der Hahn, doch weniger rot und mehr gestreift.

Alpenschneehuhn Hahn: wie das Moorschneehuhn, doch grauer im Sommer und Herbst und mit dunklem Gesichtsfleck im Winter. Henne: sehr ähnlich der des Moorschneehuhns, doch gewöhnlich in größeren Höhen.

Birkhuhn Hahn: glänzend schwarz mit leierförmigem Schwanz. Henne: graubraun mit leichtgegabeltem Schwanz.

Auerhuhn Hahn: dunkel mit breitem, fächerartigem Schwanz; bräunliche Flügel. Henne: wie die des Birkhuhns, aber mit gerundetem Schwanz und rostfarbenem Brustfleck.

Haselhuhn Hahn: schwarze Kehle und schwarze Binde im grauen Schwanz. Henne: wie der Hahn, doch mit weißlicher Kehle.

Feldhühner und Fasane

Familie Phasianidae

Im Gegensatz zu den Rauhfußhühnern haben diese Vögel unbefiederte Läufe und Füße und leben nicht in kalten Gebieten. Prächtig gefärbte fremdländische Fasane werden in Parks gehalten, manche von ihnen sind verwildert. Fasane nisten am Boden und erbrüten sehr viele Küken. Auch die Feldhühner sind Bodenbrüter und sehr schwer zu entdecken. Ihr Flug ist schwerfällig und wenig ausdauernd. Allein die Wachtel ist als Zugvogel bekannt.

Steinhuhn *Alectoris graeca* 33 cm. Auf felsigen Halden oder licht bewaldeten Hängen, meist über der Baumgrenze. Dem Rothuhn sehr ähnlich.
Rothuhn *Alectoris rufa* 34 cm. Auf sumpfigem Boden und Feldern, in flachem baumlosen Hügelland, doch oft auch auf trockenem, steinigem Gelände.
Rebhuhn *Perdix perdix* 30 cm. Vor allem auf Feldern, aber ebenso in Mooren, Heiden und Sanddünen sowie auf sumpfigem Gelände.

WICHTIGE KENNZEICHEN

Steinhuhn Rote Beine; weißer Kehlfleck schwarz eingefaßt.

Rothuhn Wie das Steinhuhn, jedoch mit schwarzen Streifen unterhalb des Kehlflecks.

Rebhuhn Graue Beine; rostfarbenes Gesicht; dunkelbrauner Bauchfleck (nur beim Hahn).

Wachtel Klein; gestreifter Kopf; dunkler Kehlfleck (nur beim Hahn).

Fasan Hahn: sehr langer Schwanz, grüner Kopf und roter Augenfleck. Henne: gelblich-braun gefleckt und langer, spitzer Schwanz.

Der Goldfasan verdankt seinen Namen der herrlichen Farbe seiner Kopfhaube. Er stammt aus Zentralasien und China. China ist auch die Heimat des wunderschönen Silberfasans mit seiner delikaten schwarzen Rückenzeichnung. Diese exotischen Verwandten unseres Fasans werden in Europa nur in Parks oder Volieren gehalten.

Wachtel *Coturnix coturnix* 18 cm. Der kleinste europäische Hühnervogel und zugleich der einzige ziehende. Auf Weiden und Feldern sehr versteckt lebend.

Fasan *Phasianus colchicus* Hahn 84 cm, Henne 58 cm. Vor allem im Winter zahlreich auf Feldern, auch in Wäldern und auf sumpfigem Gelände. Zeichnung des Hahnes variabel; manche mit einem weißen Halsring.

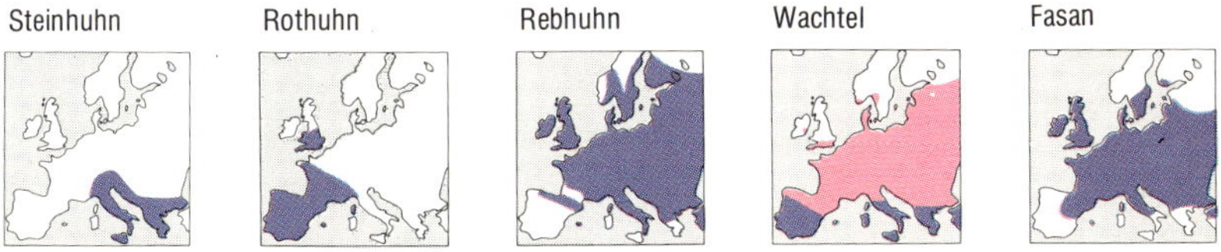

Kranich

Wasserralle

Kraniche, Rallen und Trappen Ordnung Gruiformes

Alle diese Vögel besitzen lange Beine, und viele von ihnen waten im seichten Wasser. Kraniche (Familie Gruidae) sind stattliche und elegante Vögel, die auf trockenem wie auf feuchtem Gelände leben. Dagegen sind Rallen, Sumpfhühner, Bläßhühner und Teichhühner (Familie Rallidae) vornehmlich Wasserbewohner von geringer bis mittlerer Körpergröße. Trappen (Familie Otididae) sind mittelgroße bis große Landvögel mit langen, dicken Hälsen.

Männchen des Kleinen Sumpfhuhns auf dem Nest.

Kranich *Grus grus* 114 cm. Nistet am Boden in feuchtem Gelände, oft im Röhricht. Erscheint im Winter an Flußufern, auf Feldern und in Steppen. Unterscheidet sich von Störchen und Reihern durch den buschigen »Schwanz«. Fliegt mit ausgestrecktem Hals, ziehende Scharen in langen Linien oder V-Formation. Im Frühjahr vollführen sie eigenartige Balztänze.

Wasserralle *Rallus aquaticus* 28 cm. Lebt sehr versteckt im Schilf kleiner Gewässer und nistet hier auch über flachem Wasser. Bei kaltem Wetter gelegentlich auch im Freien sitzend.

Tüpfelsumpfhuhn *Porzana porzana* 23 cm. Noch scheuer als die Wasserralle, der es im Verhalten und Vorkommen ähnelt.

Zwergsumpfhuhn *Porzana pusilla* 18 cm. Vorkommen und Verhalten wie die Wasserralle. Dieser ähnlich, aber viel kleiner; sehr scheu.

Kleines Sumpfhuhn *Porzana parva* 19 cm. Vorkommen und Verhalten wie die Wasserralle, aber viel kleiner als diese. Männchen ähnelt stark dem Zwergsumpfhuhn. Sehr scheu.

Wachtelkönig *Crex crex* 25 cm. Nistet in Wiesen und Feldern mit üppigem Pflanzenwuchs; lebt sehr versteckt. Durch Mähmaschinen und andere Neuerungen in der Landwirtschaft dezimiert.

WICHTIGE KENNZEICHEN

Kranich Roter Scheitel und weißer Wangenstreifen; buschig herabhängender »Schwanz«.
Wasserralle Langer roter Schnabel.
Tümpelsumpfhuhn Dunkelbraun geflecktes und gestricheltes Gefieder.
Zwergsumpfhuhn Graue Unterseite mit schwarz-weiß gebänderten Flanken; fleischfarbene Beine.
Kleines Sumpfhuhn Männchen: wie das Zwergsumpfhuhn, aber Flanken nicht gebändert, grüne Beine. Weibchen: wie das Männchen, aber rahmfarbene Unterseite.
Wachtelkönig Gefieder rahmfarben mit rötlichen Flügeldecken.

Kranich

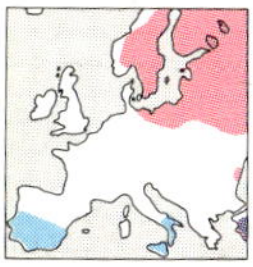

Wasserralle

Tüpfelsumpfhuhn

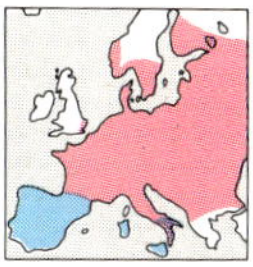

Zwergsumpfhuhn

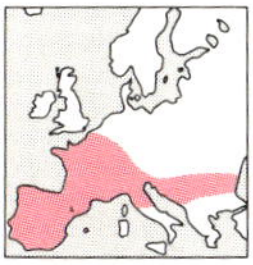

Kleines Sumpfhuhn

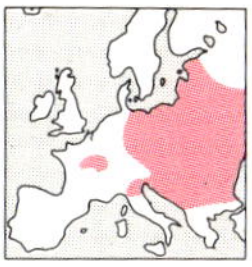

Wachtelkönig

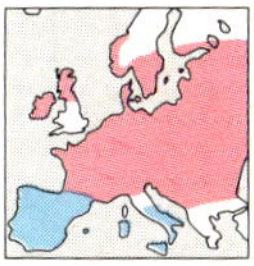

Purpurhuhn *Porphyrio porphyrio* 48 cm. Lebt und nistet im Schilf und Röhricht von Sümpfen und Teichen.
Teichhuhn *Gallinula chloropus* 33 cm. Auf Teichen, Tümpeln und Flüssen, wo es unter Kopfnicken umherschwimmt und gelegentlich nach Nahrung taucht. Oft auch in Parks. Nistet im Röhricht und Gebüsch, selten auf Bäumen, in Wassernähe. Zur Nahrungssuche oft auf Feldern.
Bläßhuhn *Fulica atra* 38 cm. Auf Seen, größeren Teichen und Flüssen, auch in Parks. Im Winter oft an der Küste. Bevorzugt größere offene Wasserflächen als das Teichhuhn und taucht auch öfters. Meist in Trupps, recht zänkisch. Nistet im Röhricht oder zwischen anderer Ufervegetation.

WICHTIGE KENNZEICHEN

Purpurhuhn Großer roter Schnabel und lange rote Beine und Zehen; purpurblaues Gefieder.
Teichhuhn Schwarz, mit rotem Schnabel und rotem Stirnschild.
Bläßhuhn Schwarz, mit weißem Schnabel und weißem Scheitel.
Großtrappe Kräftige Gestalt; grauer Kopf und Hals; »Bart« aus langen weißen Federn (nur der Hahn).
Zwergtrappe Hahn: schwarze und weiße Halszeichnung (nur im Sommer). Henne und Hahn im Winter: braungestreifter Kopf und Hals.

Großtrappe *Otis tarda* Männchen 102 cm, Weibchen 76 cm. Auf offenen, baumlosen Ebenen und ausgedehnten Feldern, wo sie auch nistet. Läuft gemessen mit hoch erhobenem Kopf, ist aber sehr scheu. Zur Paarungszeit balzen die Hähne vor der Partnerin, wobei sie den Hals aufblähen, so daß die weißen Bartfedern einen Federbusch bilden, den Schwanz auf den Rücken schlagen und die Flügel senken. Heute selten geworden.
Zwergtrappe *Tetrax tetrax* 43 cm. Gleiches Vorkommen und Verhalten wie die Großtrappe. Drückt sich bei Gefahr flach auf den Boden. Im Winter sehen beide Geschlechter gleich aus.

Purpurhuhn

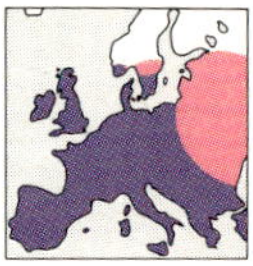
Teichhuhn

Bläßhuhn

Großtrappe

Zwergtrappe

Bläßhuhn mit breiten Schwimmlappen an den Zehen.

Regenpfeifervögel

Ordnung Charadriiformes

Diese umfangreiche Ordnung umfaßt sehr unterschiedliche Vogelgruppen, die aber alle zumindest einen Teil ihres Lebens im oder in der Nähe des Wassers verbringen. Regenpfeifer und Schnepfenvögel leben an den Küsten oder in Sumpfgebieten. Mit ihren langen Beinen waten sie im seichten Wasser.

Austernfischer

Familie Haematopodidae

Austernfischer *Haematopus ostralegus* 43 cm. Die einzige Art dieser Familie in Europa. Vor allem an Küsten, wo er zwischen Felsen und auf Wattflächen nach Nahrung sucht. Muscheln werden geschickt mit dem Schnabel geöffnet. Gelegentlich auch im Inland in Moorgebieten und an Seen und Flüssen.

WICHTIGE KENNZEICHEN

Austernfischer Schwarzes und weißes Gefieder mit langem roten Schnabel.

Kiebitz Schwarzes und weißes Gefieder mit langer Kopfhaube; Rücken schillernd grünlich-schwarz.

Sandregenpfeifer Schwarzes Brustband; orangegelbe Beine; weiße Flügelbinde (im Flug).

Flußregenpfeifer Wie der Sandregenpfeifer, aber ohne Flügelbinde; blaßgelbliche Beine.

Seeregenpfeifer Wie der Sandregenpfeifer, Brustband aber unvollständig; Beine schwarz.

Kiebitzregenpfeifer Sommer: unten schwarz, oben weißlich. Winter: unten weiß, oben grau.

Goldregenpfeifer Sommer: unten schwarz, oben goldbraun. Winter: unten weiß, oben goldbraun.

Mornellregenpfeifer Weißer Augenstreifen und weißes Brustband; dunkle Unterseite.

Steinwälzer Sommer: rotbraun- und schwarzgefleckte Flügel. Winter: dunkles Brustband und orangegelbe Beine.

Austernfischer Kiebitz Sandregenpfeifer

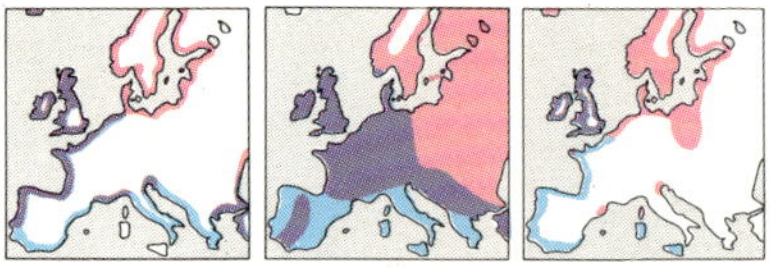

Regenpfeifer

Familie Charadriidae

Regenpfeifer unterscheiden sich von fast allen anderen Watvögeln durch ihren kurzen Schnabel. Sie suchen in Erde, Schlamm und Sand, sowohl im Binnenland als auch an der Küste, nach Würmern, Insektenlarven und Schnecken. Sie laufen lebhaft umher und bleiben nur kurz zum Aufpicken von Futtertieren stehen. Alle Regenpfeifer nisten am Erdboden.

Kiebitz *Vanellus vanellus* 30 cm. Sehr häufiger Regenpfeifer. Auf sumpfigen Wiesen, Mooren und Feldern; im Winter auch an der Küste. Meist in großen Scharen.

Sandregenpfeifer *Charadrius hiaticula* 19 cm. An Sand- und Schlammküsten, mitunter im Binnenland.

Flußregenpfeifer *Charadrius dubius* 15 cm. An steinigen oder sandigen Ufern der Seen und Flüsse; auch in Kiesgruben.

Seeregenpfeifer *Charadrius alexandrinus* 15 cm. An Meeresküsten auf Sand- und Kiesstränden.

Kiebitzregenpfeifer *Pluvialis squatarola* 28 cm. Auf Schlammflächen und an sandigen Küsten.

Goldregenpfeifer *Pluvialis apricaria* 28 cm. In Mooren, wo er im Heidekraut nistet, winters auf Feldern und an der Küste, meist mit Kiebitzen.

Mornellregenpfeifer *Eudromias morinellus* 23 cm. Nistet auf erhöhten kahlen Bodenstellen. Im Winter auf Feldern und an den Küsten.

Steinwälzer *Arenaria interpres* 23 cm. An der Küste, meist an felsigen und steinigen Stränden. Dreht auf der Suche nach Nahrung Steine, Muscheln und Tang um.

Flußregenpfeifer — Seeregenpfeifer — Kiebitzregenpfeifer — Goldregenpfeifer — Mornellregenpfeifer — Steinwälzer

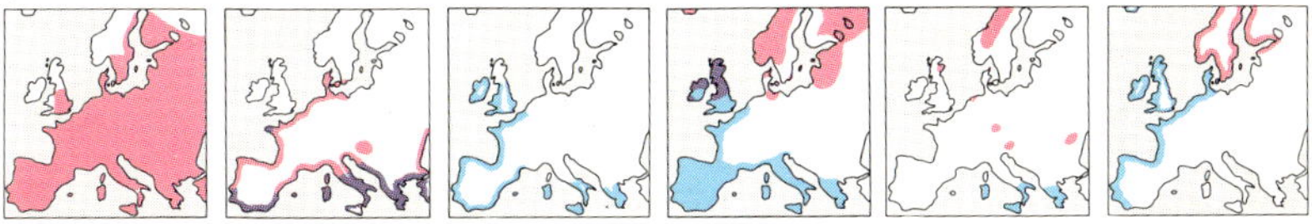

Schnepfenvögel

Familie Scolopacidae

Waldschnepfe

Großer Brachvogel

Regenbrachvogel

Bekassine

Doppelschnepfe

Zwergschnepfe

Die Watvögel der Familie Scolopacidae sind durch einen meist langen Schnabel und oft sehr lange Beine ausgezeichnet. Sie leben sowohl in sumpfigen Gebieten des Binnenlandes wie an der Küste und nisten meist am Boden. Oft suchen Trupps aus verschiedenen Arten am Strand gemeinsam nach Nahrung, wobei sie mit ihren Schnäbeln im Wasser, Schlamm oder Sand herumstochern. Die Schnabellänge ist bei den einzelnen Arten unterschiedlich, so daß sie jeweils in bestimmten Tiefen ihre tierische Nahrung aufspüren.

Bekassine

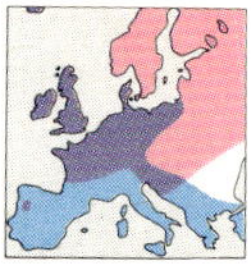

Doppelschnepfe

Zwergschnepfe

Waldschnepfe

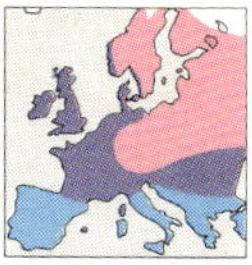

Großer Brachvogel

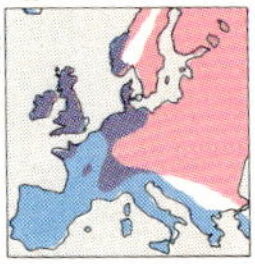

Regenbrachvogel

Uferschnepfe

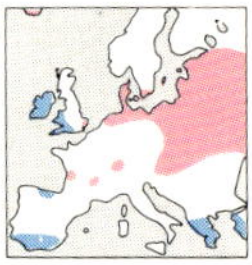

Pfuhlschnepfe

Bekassine *Gallinago gallinago* 27 cm. Lebt versteckt in Sümpfen, nassen Mooren und feuchten Wiesen. Aufgestöbert, fliegt sie im Zickzackkurs davon. Bei Sturzflügen während der Balz verursachen die Schwanzfedern ein charakteristisches dumpfes Brummen.
Doppelschnepfe *Gallinago media* 28 cm. Versteckt in Sümpfen oder an verschilften Flußufern, besonders während der Brutzeit. Sonst auch auf Feldern oder Heiden. Der Flug führt meist geradeaus.
Zwergschnepfe *Lymnocryptes minimus* 19 cm. Hat das gleiche Vorkommen und Verhalten wie die Bekassine, lediglich ihr Flug ist mehr geradeaus führend.
Waldschnepfe *Scolopax rusticola* 36 cm. Versteckt in feuchten Wäldern mit üppiger Bodenvegetation. Am ehesten in der Dämmerung beim langsamen Balzflug zu beobachten.
Großer Brachvogel *Numenius arquata* 56 cm. Nistet in Moorgelände und Sümpfen, feuchten Wiesen und Sanddünen. Im Winter auf Schlammflächen in Küstennähe.
Regenbrachvogel *Numenius phaeopus* 41 cm. Dieselben Lebensstätten wie der Große Brachvogel, dem er sehr ähnelt. Ist an der Kopfzeichnung zu unterscheiden.

WICHTIGE KENNZEICHEN

Bekassine Langer, gerader Schnabel; dunkle Längsstreifen auf dem Kopf. Zickzackflug.
Doppelschnepfe Wie die Bekassine, aber weiße Seiten bis zum Schwanz. Gerader Flug.
Zwergschnepfe Wie die Bekassine, aber viel kürzerer Schnabel und spitzer Schwanz.
Waldschnepfe Langer Schnabel; dunkle Bänder auf Scheitel und Nacken; untersetzte Gestalt.
Großer Brachvogel Sehr langer, abwärts gebogener Schnabel; Scheitel nicht gestreift.
Regenbrachvogel Wie der Große Brachvogel, aber kürzerer Schnabel und gestreifter Scheitel.
Uferschnepfe Langer, sehr leicht aufgebogener Schnabel. Sommer: rostbraune Brust und weißer Schwanz mit schwarzem Endband. Winter: graue Brust, sonst wie Sommer.
Pfuhlschnepfe Wie Uferschnepfe, aber aufgebogener Schnabel und gebänderter Schwanz.

Uferschnepfe *Limosa limosa* 41 cm. Nistet in feuchten Wiesen und in sumpfigem Gelände. Im Winter auch auf Schlammbänken.
Pfuhlschnepfe *Limosa lapponica* 38 cm. Nistet in Sümpfen im hohen Norden und kommt im Winter an die Meeresküsten.

Waldwasserläufer

Bruchwasserläufer

Flußuferläufer

Waldwasserläufer *Tringa ochropus* 23 cm. Nistet in sumpfigen Wäldern. Im Winter in Sümpfen, an Seen und Flüssen, selten an der Küste.

Bruchwasserläufer *Tringa glareola* 20 cm. In den Wäldern des Nordens und in der Tundra, wo er am Boden in Wassernähe oder in alten Baumnestern brütet.

Flußuferläufer *Tringa hypoleucos* 20 cm. Nistet an See- und Flußufern, oft in hügeligem Gelände. Winters auch an der Küste. Ständiges Kopfnicken und Schwanzwippen.

Rotschenkel *Tringa totanus* 28 cm. Nistet in Wiesen, Mooren und Heiden sowie in Binnen- und Küstensümpfen. Nest zwischen Grasbüscheln. Im Winter an der Küste.

Dunkler Wasserläufer *Tringa erythropus* 30 cm. Nistet im hohen Norden und kommt im Winter an Meeresküsten und in Sümpfe.

Grünschenkel *Tringa nebularia* 30 cm. Nistet am Boden in Mooren oder Wäldern, meist in Wassernähe. Im Winter an Küsten und Binnengewässern.

WICHTIGE KENNZEICHEN

Waldwasserläufer Weißer Bürzel und dunkle Beine; keine Flügelbinde.
Bruchwasserläufer Weißer Bürzel und gelbe Beine; keine Flügelbinde.
Flußuferläufer Dunkler Bürzel; im Flug weiße Flügelbinde sichtbar; wippt mit dem Schwanz.
Rotschenkel Weißer Bürzel mit langen roten Beinen; im Flug weißes Band auf der Flügeloberseite.
Dunkler Wasserläufer Sommer: schwarz mit roten Beinen; kein Flügelband. Winter: blaßgrau mit roten Beinen; kein Flügelband.
Grünschenkel Weißer Bürzel mit grünlichen Beinen; kein Flügelband.

Waldwasserläufer

Bruchwasserläufer

Flußuferläufer

Rotschenkel

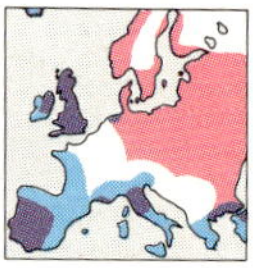

Dunkler Wasserläufer

Grünschenkel

Ein Grünschenkel am Nest.

Knutt *Calidris canutus* 25 cm. Wintergast aus der Arktis. Oft in dichten Schwärmen an schlammigen Meeresufern. Vögel im Sommergefieder im Frühjahr und Herbst zu beobachten.

Meerstrandläufer *Calidris maritima* 20 cm. Im Winter an felsigen Meeresküsten und auf kleinen Inseln. Nistet zwischen niedrigen Pflanzen in der Tundra. Rücken in hellem Licht purpurglänzend.

Zwergstrandläufer *Calidris minuta* 13 cm. Nistet im hohen Norden und überwintert in Afrika. Auf dem Zuge im Frühjahr und Herbst in ganz Europa an schlammigen Küsten und im Binnenland an Seen und Stauseen zu beobachten.

Temminckstrandläufer *Calidris temminckii* 14 cm. Nistet zwischen niedriger Vegetation im hohen Norden und überwintert in Afrika. Auf dem Zuge im Frühjahr und Herbst in ganz Europa zu beobachten, vor allem in Sümpfen.

Alpenstrandläufer *Calidris alpina* 18 cm. Nistet in Mooren und Sümp-

WICHTIGE KENNZEICHEN

Knutt Sommer: rostrote Unterseite. Winter: plumper Körper, kurzer Hals; heller Schwanz.
Meerstrandläufer Sommer: geflecktes Gefieder und gelbe Beine. Winter: Kopf und Brust dunkel, gelbe Beine.
Zwergstrandläufer Klein; schwarze Beine. Herbst: blasse V-Zeichnung auf dem Rücken.
Temminckstrandläufer Wie der Zwergstrandläufer, aber helle Beine und ohne V-Zeichnung auf dem Rücken.
Alpenstrandläufer Schnabelspitze leicht abwärts gebogen. Sommer: schwarzer Bauch. Winter: oben braungrau, unten weiß.
Sichelstrandläufer Abwärts gebogener Schnabel. Sommer: rostbraunes Gefieder. Winter: wie Alpenstrandläufer, aber mit weißem Bürzel.
Sanderling Sommer: rostbraune Oberseite, weißer Bauch. Winter: hellgraue Oberseite mit dunklem »Schulterfleck«.
Kampfläufer Männchen: mit Halskrause (Frühling und Sommer); Rücken stark braun gesprenkelt (Herbst). Weibchen: wie das Männchen im Herbst, aber kleiner.

fen. Im Winter schwarmweise auf Schlammflächen an der Küste oder im Binnenland sowie an Flußmündungen. Fliegt in dichten Schwärmen. Häufigster europäischer Strandläufer.

Sichelstrandläufer *Calidris ferruginea* 19 cm. Nistet im hohen Norden und überwintert in Südeuropa. Auf dem Zuge im Frühjahr und Herbst auf Schlammflächen und in Sümpfen zu beobachten.

Sanderling *Calidris alba* 20 cm. Im Winter an flachen Sandküsten, unermüdlich umherrennend. Nistet in der arktischen Tundra.

Kampfläufer *Philomachus pugnax* Männchen 30 cm, Weibchen 23 cm. Nistet in Mooren, Sümpfen und Wiesen; im Winter an Fluß- und Seeufern. Im späten Frühjahr balzen die Männchen und locken die Weibchen mit ihrer großen, aufrichtbaren Halskrause aus bunten Federn.

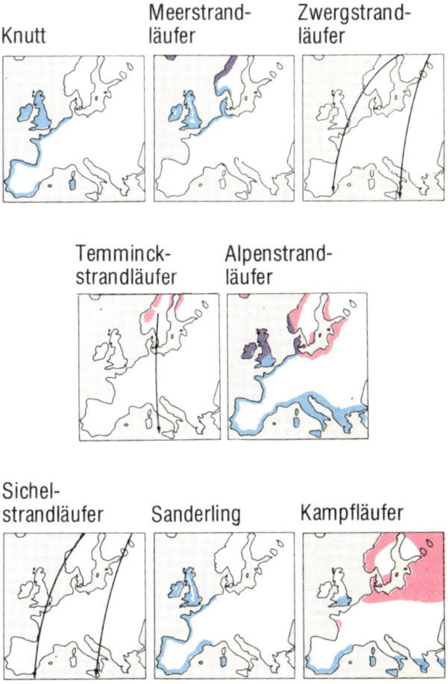

Stelzenläufer
Familie Recurvirostridae

Zu dieser Familie gehören die elegantesten Watvögel. Sie stelzen langbeinig durch das flache Wasser, schnappen Insekten aus der Luft oder suchen mit dem langen Schnabel im Wasser nach Nahrung.

Säbelschnäbler *Recurvirostra avosetta* 43 cm. Nistet in Sümpfen in der Nähe der Küste; im Winter an Flußmündungen. Am ehesten in Reservaten zu beobachten. Bei der Nahrungssuche im Flachwasser wird der lange, aufwärts gekrümmte Schnabel seitwärts bewegt.
Stelzenläufer *Himantopus himantopus* 38 cm. In Sümpfen und Lagunen, wo er oft über längere Strekken im tieferen Wasser watet.

Wassertreter
Familie Phalaropodidae

Odinshühnchen *Phalaropus lobatus* 18 cm. Nistet in Sümpfen und an Seeufern; im Winter an der Küste. Schwimmt sehr gerne, wobei es auffallend hoch im Wasser liegt. Bei der Nahrungsaufnahme im flachen Wasser dreht es sich in typischer Weise, um kleine Tiere vom Boden aufzuwirbeln. Die größeren und lebhafter gefärbten Weibchen werben um die Männchen, die auch das Nest bauen, brüten und die Jungen aufziehen.

Triele
Familie Burhinidae

Triel *Burhinus oedicnemus* 41 cm. Nistet auf steinigem oder felsigem, aber auch sandigem Boden, z. B. auf Heideflächen oder Dünen mit spärlichem Pflanzenbewuchs. Rennt bei Beunruhigung geduckt und mit tiefgehaltenem Kopf. Sein Ruf (meist in der Dämmerung) erinnert an den des Großen Brachvogels. Typisch sind die kräftigen gelben Beine und die großen, gelben Augen.

Brachschwalben
Familie Glareolidae

Brachschwalbe *Glareola pratincola* 25 cm. Auf ausgetrockneten Schlammflächen, grasigen Ebenen und freien Plätzen in Sümpfen. Diese Watvögel ähneln im Flug großen Schwalben, rennen aber auch am Boden umher. Sie stehen oft auf Zehenspitzen und recken den Hals, als ob sie nach etwas Ausschau hielten.

Raubmöwen
Familie Stercorariidae

Raubmöwen sind kräftige, fast greifvogelartig wirkende Seevögel mit schmalen, gewinkelten Flügeln. Sie leben räuberisch, indem sie andere Seevögel, zum Teil im Sturzflug, so lange jagen, bis diese die aufgenommene Nahrung wieder erbrechen. Die Reste werden dann von den Raubmöwen meist im Flug erhascht.

Skua *Stercorarius skua* 58 cm. Nistet auf Mooren in Meeresnähe; zieht im Winter längs der Küste oder über den Atlantik bis Südspanien.
Schmarotzerraubmöwe *Stercorarius parasiticus* 46 cm. Lebt an ähnlichen Stellen wie die vorige Art. Hals, Brust und Unterseite variieren von hell bis sehr dunkel.

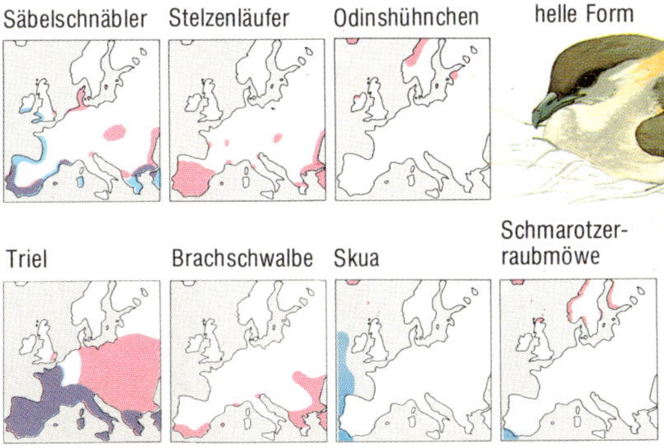

Möwen und Seeschwalben
Familie Laridae

Die Lachmöwe folgt oft scharenweise dem Pflug des Bauern, um die zutage geförderten Insektenlarven und Würmer aufzusammeln. Damit tragen sie auf natürliche Weise zur Dezimierung von Schädlingen bei.

Diese beiden wohlbekannten Gruppen der Seevögel sind leicht zu unterscheiden. Möwen haben breite Flügel, einen fächerförmigen Schwanz und einen breiten, an der Spitze gehöckerten Schnabel. Sie beleben in Scharen die Küsten und Häfen und sind mit ihren rauhen, klagenden Rufen nicht zu überhören. Zur Nahrungsaufnahme lassen sich die Möwen auf dem Wasser nieder. Sie folgen auch den Schiffen, aber nur in Sichtweite des Landes. Besonders im Winter begegnet man einigen Arten regelmäßig im Binnenland. Sie suchen hier auf Müllkippen nach Nahrung, folgen dem Pflug oder lassen sich füttern, wobei sie zugeworfene Brocken geschickt in der Luft auffangen. Möwen nisten in Kolonien am Erdboden oder auf Klippen; die Jungen haben ein braunes und weißes Gefieder.
Seeschwalben (Seite 66 und 67) haben schmale Flügel, einen gegabelten Schwanz und einen spitzen, im Flug oft abwärts gerichteten Schnabel. Häufig rütteln sie und tauchen aus der Luft nach Fischen. Seeschwalben bevölkern Meeresküsten sowie Sümpfe und Seen im Binnenland. Sie nisten kolonieweise am Erdboden und legen große Entfernungen zurück, wenn sie zu ihren Überwinterungsplätzen im Süden aufbrechen.

Mantelmöwe

Heringsmöwe
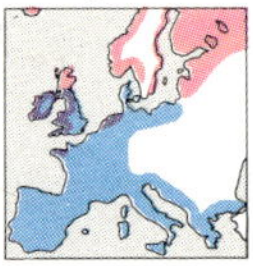

Silbermöwe

Sturmmöwe

Eismöwe

Mantelmöwe *Larus marinus* 68 cm. Meist an felsigen Küsten und vorgelagerten Inseln; besonders im Winter auch im Binnenland. Frißt häufig die Eier und Jungen anderer Seevögel.
Heringsmöwe *Larus fuscus* 53 cm. Oft an Küsten, in Häfen und auch im Binnenland. Die britische Form *(L. fuscus graellsii)* hat einen helleren Rücken als die Ostseeform *(L. f. fuscus)*, die einer kleinen Mantelmöwe ähnelt.
Silbermöwe *Larus argentatus* 56 cm. Eine sehr häufige Möwe, sowohl an der Küste wie auch im Binnenland.
Sturmmöwe *Larus canus* 41 cm. An der Küste und noch öfter als die Silbermöwe im Binnenland.
Eismöwe *Larus hyperboreus* 71 cm. Nistet auf arktischen Inseln; im Winter an den Küsten und in Häfen, seltener im Binnenland. Raubt Eier und kleine Vögel.

WICHTIGE KENNZEICHEN

Mantelmöwe Rücken und Flügel schwarz, Beine weißlich-fleischfarben.

Heringsmöwe Rücken und Flügel schiefergrau (britische Form) oder schwarz (Ostseeform); Beine gewöhnlich gelblich oder fleischfarben.

Silbermöwe Rücken hellgrau; schwarzweiße Flügelspitzen und gelber Schnabel mit rotem Fleck.

Sturmmöwe Wie die Silbermöwe, aber Beine und Schnabel grünlich-gelb, letzterer ohne roten Fleck.

Eismöwe Rücken und Flügel silbergrau; rein weiße Flügelspitzen.

Dünnschnabelmöwe

Schwarzkopfmöwe

Sommer

Zwergmöwe

Sommer

Dünnschnabelmöwe *Larus genei* 43 cm. Nistet in Sümpfen, auf Flußbänken und Laguneninseln, sonst an Küsten und Flußmündungen zu beobachten. Schnabel im Flug geneigt.

Schwarzkopfmöwe *Larus melanocephalus* 38 cm. Nistet in Sümpfen, auf kleinen Inseln in Lagunen und Seen; sonst an Küsten, in Häfen und auch im Binnenland zu finden.

Zwergmöwe *Larus minutus* 28 cm. Auffallend kleiner als die anderen Möwenarten. Nistet gewöhnlich in Sümpfen, sonst an den Küsten und auch im Binnenland zu beobachten.

Lachmöwe *Larus ridibundus* 38 cm. Eine sehr häufige Möwe. Nistet in Sümpfen, Mooren sowie an Fluß- und Seeufern. Zahlreich im Binnenland, auf Feldern sowie an den Küsten und in Häfen. Allesfresser, nimmt auch Fische, Würmer, fliegende Insekten und sogar Küchenabfälle. Auf Feldern folgt sie oft in Schwärmen dem Pflug.

Schwalbenmöwe *Larus sabini* 33 cm. Nistet in der Tundra; im Winter in den Küstengewässern anzutreffen. Einzige europäische Möwe mit gegabeltem Schwanz.

Dreizehenmöwe *Rissa tridactyla* 41 cm. Nistet kolonieweise an Felswänden, mitunter an Gebäuden in Küstenstädten. Im Winter meist draußen auf dem Meer.

Schwarzkopfmöwe im Winter

Zwergmöwe im Winter

WICHTIGE KENNZEICHEN

Dünnschnabelmöwe Wie die Lachmöwe, aber mit weißem Kopf das ganze Jahr über und langem dünnen Schnabel.

Schwarzkopfmöwe Wie die Lachmöwe, aber mit schwarzem Kopf im Sommer und rein weißen Flügeln.

Zwergmöwe Einer kleinen Lachmöwe ähnlich, aber im Sommer schwarzköpfig; ohne Schwarz auf der Flügeloberseite und ohne schwärzliche Unterflügel.

Lachmöwe Dunkelbrauner Kopf (nur im Sommer); rein weißer Flügelvorderrand und unterseits dunkelgraue Handschwingen.

Schwalbenmöwe Wie die Lachmöwe, aber dunkelgrauer Kopf im Sommer, schwarze Flügelspitzen und gegabelter Schwanz.

Dreizehenmöwe Schwarze Flügelspitzen (ohne jedes Weiß) und schwärzliche Beine.

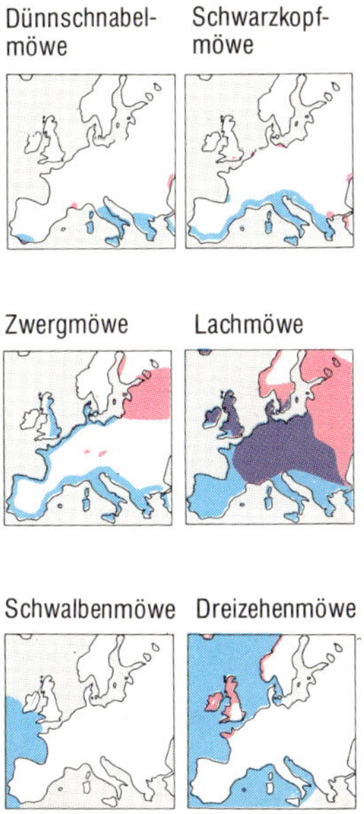

Paar der Dreizehenmöwe

Trauerseeschwalbe *Chlidonias niger* 24 cm. Baut Schwimmnester im Flachwasser von Sümpfen und Seen. Auf dem Zuge im Frühjahr und Herbst auch an der Küste. Jagt fliegende Insekten über dem Wasser oder nimmt sie von der Oberfläche auf.

Weißbartseeschwalbe *Chlidonias hybrida* 24 cm. An denselben Stellen wie die vorige Art; taucht öfters nach Nahrung.

Flußseeschwalbe *Sterna hirundo* 36 cm. Nistet an Stränden, auf Sanddünen, in Küstensümpfen und auf Inseln im Salz- und Süßwasser. Fliegt an den Stränden und taucht nach Fischen.

Küstenseeschwalbe *Sterna paradisaea* 36 cm. An denselben Plätzen wie die Flußseeschwalbe, doch weniger im Binnenland. Fliegt zum Überwintern sehr weit nach Süden.

Rosenseeschwalbe *Sterna dougallii* 38 cm. Nistet auf felsigen Inseln, gelegentlich am Strand, zusammen mit Küsten- und Flußseeschwalben. Selten im Binnenland.

Zwergseeschwalbe *Sterna albifrons* 24 cm. Nistet vor allem auf Sand- und Kiesstrand, seltener an Binnengewässern.

Brandseeschwalbe *Sterna sandvicensis* 41 cm. Nistet in großen Kolonien auf Sand- oder Kiesstrand sowie auf Inseln, selten auch am Ufer von Binnengewässern.

WICHTIGE KENNZEICHEN

Trauerseeschwalbe Schwarzer Kopf und Körper; Flügel und Schwanz grau.
Weißbartseeschwalbe Grauer Bauch, weiße Wangen.
Flußseeschwalbe Orangeroter Schnabel mit schwarzer Spitze.
Küstenseeschwalbe Blutroter Schnabel; kurze Beine.
Rosenseeschwalbe Schwarzer Schnabel, zuweilen mit roter Wurzel; sehr langer Schwanz.
Zwergseeschwalbe Gelber Schnabel mit schwarzer Spitze; weiße Stirn.
Brandseeschwalbe Schwarzer Schnabel mit gelber Spitze; leichte Haube.

Anmerkung: Die Beschreibungen und Abbildungen der Seeschwalben beziehen sich auf ihr Sommergefieder. Im Wintergefieder haben alle Arten eine weiße Stirn und einen schwarzen Schnabel; sie sind dann schwer zu unterscheiden. Trauerseeschwalbe und Weißbartseeschwalbe werden außerdem unterseits weiß.

Eine flache Vertiefung am Strand bildet das Nest dieser Küstenseeschwalbe.

Trauerseeschwalbe

Weißbartseeschwalbe

Flußseeschwalbe

Küstenseeschwalbe

Rosenseeschwalbe

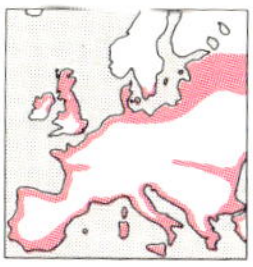

Zwergseeschwalbe

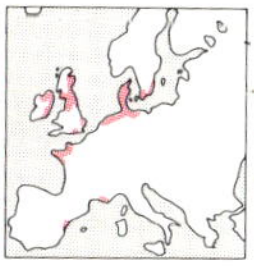

Brandseeschwalbe

Brandseeschwalbe

Rosenseeschwalbe

Zwergseeschwalbe

Alken
Familie Alcidae

Alken sehen Pinguinen ähnlich und verhalten sich auch wie sie. Die Vögel jagen unter Wasser nach Fischen, wobei die Flügel als Ruder und die Füße zum Steuern eingesetzt werden. An Land halten sie sich aufrecht und watscheln umher. Sie verbringen die meiste Zeit auf dem Meer und kommen nur zum Brüten an die Küste. Anders als Pinguine, können die Alken fliegen – nur der ausgestorbene Riesenalk war flugunfähig. Für Jäger war er deshalb eine leichte Beute; das letzte Paar wurde im Jahre 1844 getötet. Der Riesenalk erreichte die Größe einer Gans.

Der Schnabel des Papageitauchers (rechts) hat gesägte Ränder, so daß er mehrere Fische gleichzeitig halten kann. Papageitaucher sind am ehesten im Frühjahr und Sommer zu beobachten, wenn sie in zum Teil selbstgegrabenen Höhlen im Erdreich felsiger oder grasiger Inseln brüten. Der eigentümlich gestaltete Schnabel ist während dieser Zeit äußerst farbenprächtig.

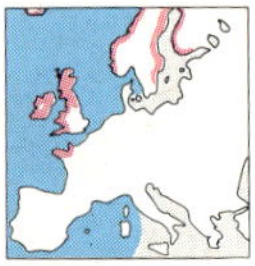

Tordalk

Krabbentaucher

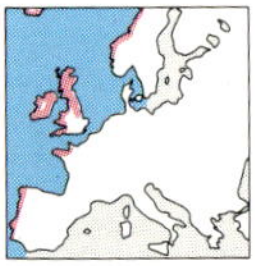

Trottellumme

Grylltеiste

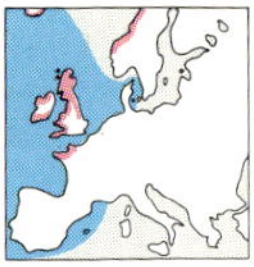

Papageitaucher

Tordalk *Alca torda* 41 cm. Brütet in Kolonien auf Küstenfelsen, gemeinsam mit Trottellummen. Im Winter auf dem Meer, von Stürmen oft an die Küste gezwungen.
Krabbentaucher *Plautus alle* 20 cm. Nistet in der Arktis. Im Winter auf den nördlichen Meeren, strandet zuweilen bei schweren Stürmen.
Papageitaucher *Fratercula arctica* 30 cm. Brütet kolonieweise in Höhlen an Steilhängen über dem Meer. Rennt zum Starten mitunter hangabwärts. Hält sich im Winter in küstennahen und -fernen Meeresteilen auf und wird nur selten vom Sturm an die Küste getrieben.
Gryllteiste *Cepphus grylle* 33 cm. Nistet in Höhlen oder unter Steinblöcken an Felsufern und auf Meeresklippen, aber meist nur vereinzelt. Im Winter in Küstennähe.
Trottellumme *Uria aalge* 41 cm. Nistet in dichten Kolonien auf Felssimsen an der Küste und auf Inseln. Die birnenförmigen Eier werden auf den nackten Fels gelegt. Im Winter sind die Tiere auf dem Meer; starke Stürme treiben sie gelegentlich an die Küste.

WICHTIGE KENNZEICHEN

Tordalk Seitlich zusammengedrückter Schnabel mit weißer Querlinie.

Krabbentaucher Klein; kurzer Schnabel.

Papageitaucher Dreieckiger Schnabel (im Sommer leuchtend rot, gelb und blau).

Gryllteiste Sommer: schwarzer Körper mit weißem Flügelschild. Winter: oberseits weiß gefleckt mit weißem Flügelschild.

Trottellumme Schlanker spitzer Schnabel.

Taubenvögel

Ordnung Columbiformes

Tauben haben einen rundlichen Körper, einen kleinen Kopf und kurze Beine. Sie fliegen alle sehr schnell und sind nicht zuletzt deshalb ein beliebtes Objekt für den Vogelzüchter. Zwei Familien gehören zu den Taubenvögeln: Flughühner (Familie Pteroclidae) und Tauben (Familie Columbidae). Flughühner leben und nisten vorwiegend in Wüsten und Trockengebieten und müssen oft weite Strecken zurücklegen, um an Wasser zu gelangen. Nur das Steppenhuhn tritt sporadisch in Europa auf. Die Nahrung der Tauben ist vorwiegend pflanzlicher Art. Beim Wassertrinken heben sie nicht wie andere Vögel bei jedem Schluck den Kopf, sondern saugen das Wasser mit eingetauchtem Schnabel ein. Tauben sind teils Baum-, teils Höhlenbrüter.

WICHTIGE KENNZEICHEN

Steppenhuhn Schwarzer Fleck am Bauch; langer, spitzer Schwanz.

Hohltaube Grauer Bürzel, ohne besondere Hals- oder Flügelzeichnung.

Felsentaube Weißer Bürzel, ohne Halszeichnung; zwei schwarze Flügelbinden.

Ringeltaube Grauer Bürzel; weiße Halszeichnung und weißes Flügelband.

Turteltaube Dunkler Schwanz mit weißem Ende; weißer Halsfleck mit schwarzen Streifen.

Türkentaube Schwarzer, weiß eingefaßter Nackenfleck.

Steppenhuhn

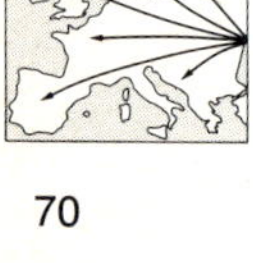

Hohltaube

Felsentaube

Steppenhuhn *Syrrhaptes paradoxus* 38 cm. Brutvogel in Zentralasien, wandert periodisch nach Europa. Gewöhnlich an den Sandküsten und auf abgeernteten Feldern.
Hohltaube *Columba oenas* 33 cm. In Wäldern und Kulturland, auch in Parks, auf Klippen und Sanddünen an der Küste; oft zusammen mit Ringeltauben.
Felsentaube *Columba livia* 33 cm. An felsigen Küsten und in felsigem Gelände des Binnenlandes; nistet in Höhlen und an Felswänden. Die verwilderten Haustauben in den Städten und Parkanlagen stammen – wie auch sämtliche Zuchtrassen – von der Felsentaube ab. Einige dieser Haustauben gleichen noch weitgehend der wilden Felsentaube, andere haben ein völlig verschiedenes Gefieder. Die Haustauben vermischen sich mit den Felsentauben, so daß die ursprüngliche Art langsam verschwindet. Da die Felsentauben an Klippen und Felshängen zu Hause sind, kann unsere Haustaube auch an und in Gebäuden leben und nisten. Zur Nahrungsaufnahme besucht sie in großen Scharen die Felder.
Ringeltaube *Columba palumbus* 41 cm. In Wäldern und Kulturland, oft auch in Parks und Gärten. Oft schwarmweise zusammen mit Hohltauben und Haustauben.
Turteltaube *Streptopelia turtur* 28 cm. Im Frühling und Sommer in lichten Wäldern und in offenem Gelände mit vereinzelten Gehölzen und Hecken, auch in Parks und Gärten.
Türkentaube *Streptopelia decaocto* 30 cm. Hauptsächlich in Städten und Dörfern. Nistet gewöhnlich auf Bäumen, oft auch an Gebäuden. Etwa seit 1930 hat sich die Türkentaube von Asien und Südosteuropa aus nach Nordwesten ausgebreitet und 1955 England erreicht. Heute kommt sie auch auf Island vor. Die Ursache für diese Ausweitung des Verbreitungsareals ist unbekannt.

Ringeltaube

Türkentaube

Turteltaube

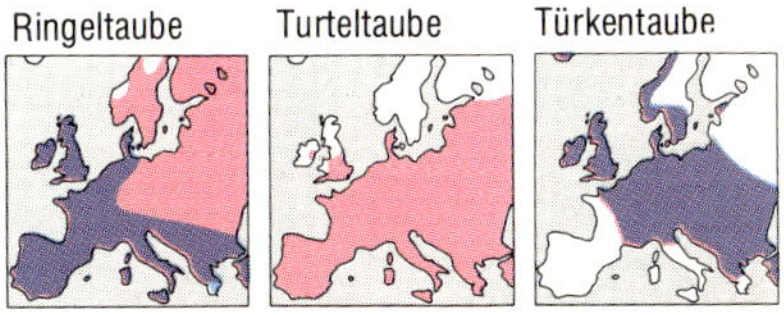

Kuckucksvögel

Ordnung Cuculiformes
Familie Cuculidae

Kuckucke sind dafür bekannt, daß sie ihre Eier in die Nester anderer Vögel legen und diesen das Ausbrüten und die Aufzucht ihrer Jungen überlassen. Beide in Europa lebenden Kuckucksarten verfahren in dieser Weise. Ihr Name geht auf den wohlbekannten Ruf zurück, der den Frühling ankündigt. Diesen Ruf läßt allerdings nur das Männchen des *Cuculus canorus* vernehmen.

Kuckuck *Cuculus canorus* 33 cm. In Wäldern, offenem Gelände mit vereinzelten Bäumen und Buschwerk sowie in Moorgebieten. Nur das Männchen ruft »kuckuck«, während das Weibchen eine mehr kichernde Stimme hat. Das Weibchen legt seine Eier einzeln in die Nester anderer, kleinerer Vögel, wobei jedes Kuckucksweibchen stets die Nester ein und derselben Wirtsart heimsucht. Nach dem Schlüpfen wirft der junge Kuckuck alle Eier oder Jungen der Wirtsvögel über Bord.

Häherkuckuck *Clamator glandarius* 41 cm. An Waldrändern und in offenem, baumbestandenem Gelände. Legt seine Eier vor allem in Elsternester. Ruft nicht »kuckuck«.

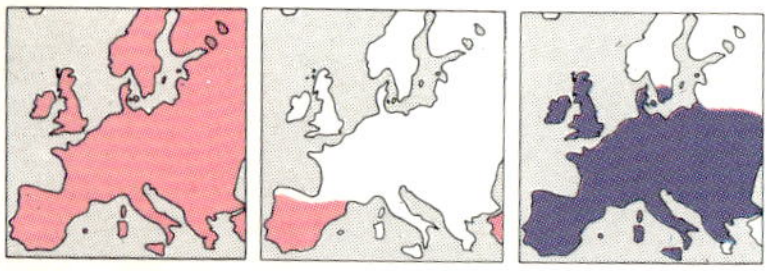

Kuckuck | Häherkuckuck | Schleiereule

Zwergohreule | Uhu | Schnee-Eule

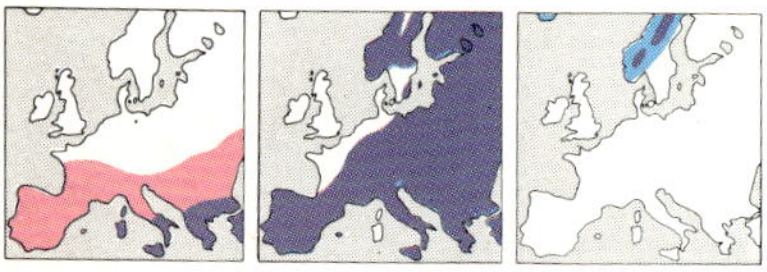

WICHTIGE KENNZEICHEN

Kuckuck Grauer Kopf, Unterseite weißlich, dunkelgrau gebändert; Weibchen gelegentlich rotbraun und auch oberseits gebändert.
Häherkuckuck Oberseite weiß gefleckt, graue Haube, langer weiß gesäumter Schwanz.
Schleiereule Herzförmiges Gesicht; brauner Rücken und weiße oder lederfarbene ungestreifte Brust (in der Dämmerung weiß erscheinend).
Zwergohreule Klein, mit kurzen Federohren.
Uhu Sehr groß, mit auffälligen Federohren.
Schnee-Eule Weißes Gefieder, große gelbe Augen.

Eulen

Ordnung Strigiformes

Eulen führen eine überwiegend nächtliche Lebensweise und jagen als Fleischfresser vor allem Mäuse und andere Kleintiere. Sie haben einen großen Kopf, nach vorn gerichtete, große Augen in einem flachen Gesicht, einen krummen Schnabel und mächtige Krallen. Ihr Flug ist geräuschlos, so daß die Beutetiere nicht gewarnt werden. Eulen brüten in Höhlen, auf dem Boden oder auch in Gebäuden. Man unterscheidet zwei Familien, die Schleiereulen (Familie Tytonidae) und alle übrigen Eulen (Familie Strigidae).

Schleiereule *Tyto alba* 36 cm. In Kulturland und Sümpfen, aber auch in verlassenen Gebäuden, Kirchtürmen, Ruinen und Scheunen. Fliegt in der Dämmerung. Die weißbrüstige Unterart *(T.a. alba)* lebt in Süd- und Westeuropa, eine Form mit rostgelber Unterseite *(T. alba guttata)* in Nord- und Osteuropa.

Zwergohreule *Otus scops* 19 cm. Auf Bäumen, oft in der Nähe von Gebäuden, auch in Ruinen. Selten am Tage zu sehen. Wie andere Eulen, hat sie Federohren, die aber keine Ohren sind, sondern nur auffallende Federbüschel des Kopfes.

Uhu *Bubo bubo* 68 cm. Die größte europäische Eule. Lebt in großen Wäldern, an felsenreichen Berghängen sowie in offenen Steppen. In der Morgen- und Abenddämmerung auf der Jagd nach Beute bis zur Größe eines Hasen. Selten.

Schnee-Eule *Nyctea scandiaca* 61 cm. Lebt und brütet in der arktischen Tundra Norwegens und Islands, kommt im Winter gelegentlich bis nach Mitteleuropa. Sie ist dann in Moorgebieten, Sümpfen, an Seeufern und der Küste zu beobachten. Jagt am Tage.

Sperlingskauz *Glaucidium passerinum* 18 cm. Meist in alten Nadelholzwäldern. Aktiv bei Tag und Nacht, jagt kleine Vögel im Fluge. Wippt beim Sitzen mit dem Schwanz. Kleinste europäische Eule.

Steinkauz *Athene noctua* 23 cm. In Feldern und offenem Gelände mit zerstreut stehenden Bäumen. Nistet in Baumhöhlen. Gelegentlich am Tage auf Zäunen oder Masten zu beobachten.

Waldkauz *Strix aluco* 38 cm. Eine recht häufige Eule. Lebt in Wäldern, wie auch in Parks und Gärten. Jagt gewöhnlich bei Nacht, wird manchmal am Tage, wenn er auf einem Baum schläft, durch das Gezeter anderer Vögel verraten. Die Farbe variiert von Braun bis Grau.

Waldohreule *Asio otus* 36 cm. Schläft tagsüber im Wald, meist auf Nadelbäumen, und geht in der Dämmerung auf Jagd, häufig in offenem Gelände. Schläft im Winter oft in kleinen Gesellschaften.

Sumpfohreule *Asio flammeus* 38 cm. Jagt in Moorgebieten, Sümpfen und in offenem Gelände am Tage und in der Dämmerung. Federohren sehr kurz, meist unsichtbar.

Rauhfußkauz *Aegolius funereus* 25 cm. Gewöhnlich in Nadelwäldern; nachtaktiv.

Ziegenmelker auf dem Nest.

Ziegenmelker

Ordnung Caprimulgiformes
Familie Caprimulgidae

Ziegenmelker *Caprimulgus europaeus* 28 cm. In Wäldern, zwischen Farnkraut auf Lichtungen, in Mooren und Sanddünen. Durch vollkommene Farbanpassung nicht zu entdecken. Schläft am Tage und jagt nachts Insekten. Legt die Eier auf den nackten Boden.

Sperlingskauz

WICHTIGE KENNZEICHEN

Sperlingskauz Sehr klein, mit rundem Kopf, ohne Federohren. Wippt beim Sitzen mit dem Schwanz.

Steinkauz Klein, mit abgeflachtem Kopf, ohne Federohren.

Waldkauz Gestreiftes Gefieder, schwarze Augen; rundliche Gestalt und ohne Federohren.

Waldohreule Schlanke Gestalt und lange Federohren.

Sumpfohreule Ähnlich dem Waldkauz, aber gelbe Augen und helleres Gefieder.

Rauhfußkauz Wie der Steinkauz, aber mit runderem Kopf und tieferem Schleier.

Ziegenmelker Gefiederzeichnung erinnert an trockenes Laub; unten fein gestreift.

Steinkauz

Waldkauz

Waldohreule

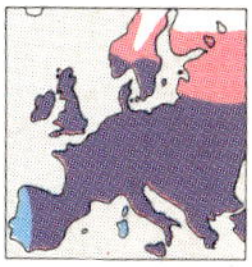

Sumpfohreule

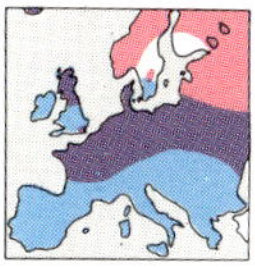

Rauhfußkauz

Ziegenmelker

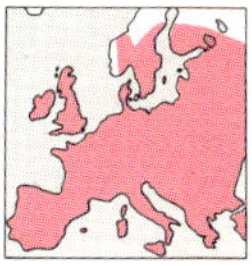

Mauersegler

Segler

Ordnung Apodiformes Familie Apodidae

Segler sind hervorragende Flieger und meist in Trupps zu beobachten, die hoch in den Lüften ihre Flugkünste zeigen. Den größten Teil ihres Lebens verbringen sie fliegend, da sie im Fluge nicht nur ihre Nahrung erbeuten, sondern des Nachts auch schlafen. Segler haben nur schwache Beine, so daß sie, einmal auf dem Boden gelandet, kaum wieder starten können. Sie halten sich nämlich in der Regel an senkrechten Wänden fest und lassen sich zum Abfliegen einfach fallen.

WICHTIGE KENNZEICHEN

Mauersegler Dunkler Körper, flach gegabelter Schwanz.
Alpensegler Bauch und Kehle weiß, mit braunem Brustband; sehr lange Flügel.
Eisvogel Blaugrüner Rücken und rostbraune Unterseite.
Bienenfresser Gelbe Kehle und blaugrüne Brust.
Blauracke Blaugrün mit rötlich braunem Rücken.
Wiedehopf Schwarz-weiß gebänderte Flügel; große, schwarzspitzige Haube.

Mauersegler *Apus apus* 16 cm. Nistet in Baumhöhlen, Mauerspalten und unter Dachrinnen. In der Dämmerung jagen zur Brutzeit ganze Trupps laut kreischend um die Hausgiebel. Gelegentlich in Gemeinschaft von Schwalben (S. 84), von denen sie durch die dunkle Unterseite und flach gegabelten Schwanz leicht zu unterscheiden sind.

Alpensegler *Apus melba* 20 cm. In hohen Gebirgen, an Felswänden, mitunter auch zwischen alten Gebäuden. Baut seine Nester in Felsspalten und unter Dachsparren.

Mauersegler

Alpensegler

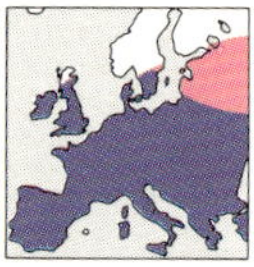

Eisvogel

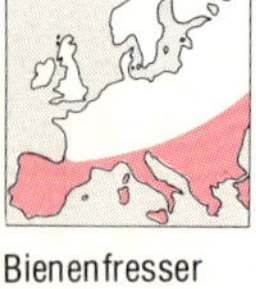

Bienenfresser

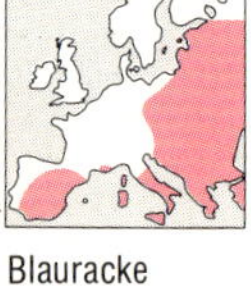

Blauracke

Wiedehopf

Alpensegler

Rackenvögel

Ordnung Coraciiformes

Jede der Vogelarten in dieser Ordnung verdient besondere Beachtung, denn es handelt sich hier um die farbenprächtigsten Vögel Europas. Kein Vogel ist wie der andere, und alle gehören verschiedenen Familien an; die Eisvögel sind der Familie Alcedinidae und die Bienenfresser der Familie Meropidae zuzuordnen. Die Blauracke ist ein Vertreter der Familie Coraciidae, der Wiedehopf ein Angehöriger der Familie Upupidae.

Eisvogel

Eisvogel *Alcedo atthis* 16 cm. An Flüssen und Seen, Kanälen und Teichen; sitzt wachsam auf einem Ast am Wasser und erbeutet im Tauchstoß kleine Fische und Wasserinsekten. Im Winter auch an den Meeresküsten.

Bienenfresser *Merops apiaster* 28 cm. In offenem Gelände mit vereinzelten Bäumen und Büschen, oft auf den Leitungsdrähten der Telegraphenmaste sitzend. Nistet kolonieweise in Höhlen an Uferbänken oder in Sandgruben. Jagt fliegende Insekten, meist Bienen und Wespen.

Blauracke *Coracias garrulus* 30 cm. In offenem Gelände mit einzelnen Bäumen sowie in Wäldern. Nistet in Baumhöhlen oder in Höhlen an Erdhängen. Beobachtet vom Ansitz aus die Umgebung und stürzt sich auf vorbeifliegende Insekten oder andere kleine Tiere. Das Männchen führt gaukelnde Balzflüge aus.

Wiedehopf *Upupa epops* 28 cm. In offenen Waldungen, Obstgärten und Parkanlagen. Nistet in Baumhöhlen, mitunter auch an Gebäuden. Sucht seine Nahrung hauptsächlich am Boden.

Spechtvögel

Ordnung Piciformes   Familie Picidae

Gewöhnlich hört man die Spechte, bevor man sie sieht. Mit ihrem kräftigen Meißelschnabel hämmern sie – auf der Suche nach Insekten – in rascher Schlagfolge auf morsches Holz. In der gleichen Art und Weise zimmern sie ihre Nesthöhlen aus. Die Spechte halten sich dabei mit ihren starken Füßen an der Rinde und stützen sich mit dem steifen Schwanz ab, der ihnen auch als Widerhalt beim Klettern dient. Zur Brutzeit im Frühling trommeln die Spechte häufig auf dürre Äste, was als Balzhandlung zu verstehen ist.

Grünspecht *Picus viridis* 30 cm. In Wäldern, vor allem mit Laubgehölzen, sowie in offenem Gelände mit zerstreuten Baumgruppen. Häufig auch am Boden an Ameisenhaufen.
Grauspecht *Picus canus* 25 cm. An den gleichen Plätzen wie der Grünspecht. Trommelt häufig im Frühling.
Dreizehenspecht *Picoides tridactylus* 23 cm. In Gebirgswäldern und Waldungen des Nordens.
Schwarzspecht *Dryocopus martius* 46 cm. In Wäldern des Mittel- und Hochgebirges. Größter europäischer Specht.
Wendehals *Jynx torquilla* 16 cm. In lichten Wäldern und baumreichen Parklandschaften mit Büschen und Hecken sowie in Obstgärten. Spechtähnlich, doch ohne Stützschwanz und ohne langen Schnabel. Brütet in natürlichen Höhlen von Bäumen und Gemäuer, auch in Nisthöhlen. Verdreht den Kopf (Wendehals).

WICHTIGE KENNZEICHEN

Grünspecht Grünlicher Rücken und gelber Bürzel, großer roter Scheitel. Breiter schwarzer (Weibchen) oder roter (Männchen) Bartstreif.

Grauspecht Grauer Kopf mit dünnem Bartstreif; nur das Männchen mit rotem Vorderscheitel.

Dreizehenspecht Weißer Rücken, schwarze Wangen und gestreifte Flanken. Gelber Scheitel (nur das Männchen).

Schwarzspecht Schwarzer Körper mit rotem Scheitel.

Wendehals Langer gebänderter Schwanz; kurzer Schnabel.

Grünspecht

Grauspecht

Dreizehenspecht

Schwarzspecht

Wendehals

Ein Buntspechtweibchen beim Füttern der Jungen. In die ausgemeißelte Bruthöhle werden bis zu 8 weiße Eier abgelegt. Während des Fütterns hält sich der Vogel mit seinen starken Zehen an der Rinde fest und stützt sich mit dem steifen Schwanz ab.

Blutspecht *Dendrocopos syriacus* 23 cm. In Wäldern, auch in der Nähe von Ortschaften.
Buntspecht *Dendrocopos major* 23 cm. In Wäldern aller Art, auch in Parks und Gärten. Kommt auch zur Fütterung.
Mittelspecht *Dendrocopos medius* 20 cm. In Wäldern, vorwiegend in Eichenforsten. Zimmert seine Nisthöhle hoch oben in den Bäumen.
Kleinspecht *Dendrocopos minor* 15 cm. Das gleiche Vorkommen wie der Mittelspecht, aber auch in Parkanlagen und Obstgärten. Der kleinste europäische Specht.
Weißrückenspecht *Dendrocopos leucotos* 25 cm. In Wäldern des Hügellandes; im Winter auch in der Nähe von Ortschaften.

Ein Wendehals wird beringt.

WICHTIGE KENNZEICHEN

Blutspecht Wie der Buntspecht, aber ohne schwarzen Halsstreifen.

Buntspecht Große weiße Flügelflecken und schwarzer Scheitel (in der Jugend rot); schwarzer Querstreifen im Nacken; roter Fleck auf dem Hinterkopf (nur Männchen).

Mittelspecht Wie der Buntspecht, aber roter Scheitel in beiden Geschlechtern und weniger schwarz im Gesicht.

Kleinspecht Klein; Oberseite schwarz-weiß gebändert, Schwanzunterseite ohne Rot. Scheitel rot (Männchen) oder weißlich (Weibchen).

Weißrückenspecht Wie der Kleinspecht, aber größer und mit weißem Bürzel und roter Schwanzunterseite.

Blutspecht

Buntspecht

Mittelspecht

Kleinspecht

Weißrückenspecht

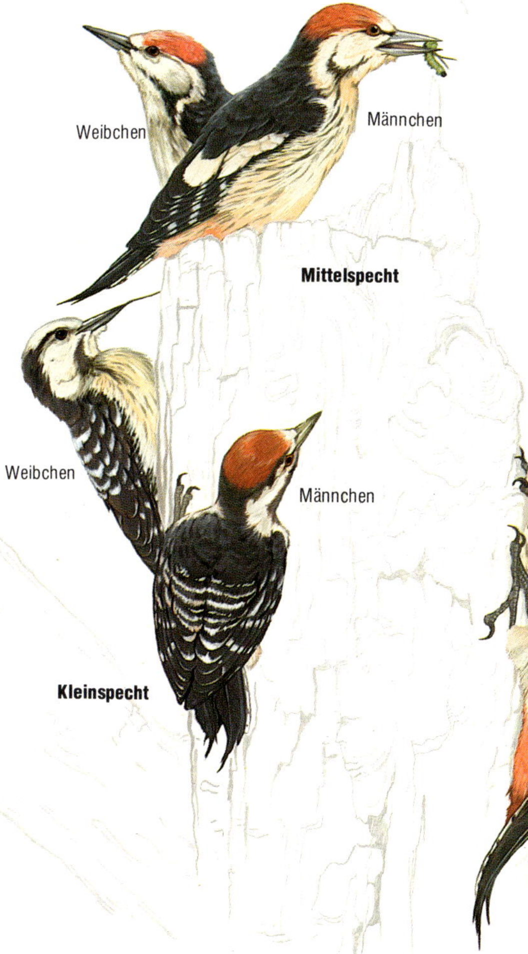

Es gibt über 200 Spechtarten in allen Teilen der Welt, mit Ausnahme von Australien und Madagaskar. Die Bruthöhlen der Spechte können bis zu 50 cm tief und die Eingangslöcher bis zu 8 cm weit sein. Der Eingang befindet sich am oberen Ende der Bruthöhle.

Sperlingsvögel
Ordnung Passeriformes

Die Sperlingsvögel stellen die größte Ordnung innerhalb des Vogelreiches – mehr als die Hälfte der bekannten Arten. Sie kommen überall vor. Die Mehrzahl ist von mittlerer Größe, viele sind sogar klein bis sehr klein. Die Füße der Sperlingsvögel haben drei Zehen nach vorn und eine lange Zehe nach hinten, so daß sie einen Zweig gut zu umfassen vermögen – obgleich dies andere Vögel natürlich auch können. Viele, aber beileibe nicht alle, zeichnen sich durch einen wohlklingenden Gesang aus, und in einigen Fällen lassen sich die Arten am besten aufgrund dieses Gesanges identifizieren.

Feldlerche am Nest

Lerchen
Familie Alaudidae

Diese Vögel sieht man sehr oft – laut singend – in der Luft. Sie bauen ihre Nester am Boden, wo die unauffällig gefärbten Lerchen schwer zu entdecken sind. Man sieht sie manchmal auch am Boden entlangrennen. Einige Lerchen ähneln Ammern (S. 122–124), haben jedoch einen dünnen Schnabel, Ammern dagegen einen gedrungenen.

Kalanderlerche

Kurzzehenlerche

Haubenlerche

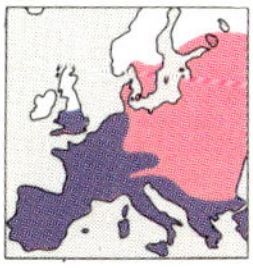
Heidelerche

Feldlerche

Ohrenlerche

WICHTIGE KENNZEICHEN

Kalanderlerche Schwarzer Halsfleck und großer Schnabel.

Kurzzehenlerche Helle, ungestreifte Unterseite.

Haubenlerche Große Haube (in Südspanien kommt die von ihr nicht zu unterscheidende Theklalerche vor).

Heidelerche Schwarz-weiße Zeichnung am Flügel-Vorderrand, brauner Schwanz, kleine Haube.

Feldlerche Weißgesäumter Schwanz, kleine Haube.

Ohrenlerche Kopf mit schwarzen »Hörnchen« (Männchen); schwarze und gelbe Gesichtszeichnung.

Kalanderlerche *Melanocorypha calandra* 19 cm. Auf steinigem Gelände, Feldern und Steppen.
Kurzzehenlerche *Calandrella cinerea* 14 cm. Auf trockenem, sandigem oder steinigem Ödland, ausgetrockneten Schlammflächen sowie Steppen und Feldern.
Haubenlerche *Galerida cristata* 16 cm. Auf steinigem und sandigem Boden und in Feldern, auch in der Nähe menschlicher Siedlungen und an Straßenrändern.
Heidelerche *Lullula arborea* 15 cm. Auf Feldern, in sandigen Heidegebieten mit zerstreuten Bäumen und Büschen sowie an Waldrändern. Steigt in weiten Spiralen im Singflug empor.
Feldlerche *Alauda arvensis* 18 cm. Auf Feldern, Weideflächen, Sanddünen und Mooren. Steigt singend geradlinig empor und singt auch im Rütteln.
Ohrenlerche *Eremophila alpestris* 16 cm. Brütet auf felsigem Grund im hohen Norden oder im Gebirge. Im Winter an Stränden, in Sümpfen und Feldern in Küstennähe.

Schwalben

Familie Hirundinidae

Schwalben sind sehr schnelle Flieger, jagen oft dicht über dem Erdboden und fangen in geschickten Flugmanövern Insekten. Segler (S. 76) sind ähnlich, haben aber längere Flügel. Anders als die Segler, die sich nicht hinsetzen können, bevölkern oft Scharen von Schwalben in langen Reihen die Telegraphendrähte, besonders vor ihrem Wegzug nach Süden.

Rauchschwalbe *Hirundo rustica*
19 cm. Baut offene Nester aus Schlamm und Stroh auf Simse und Sparren in Ställen und Scheunen. Jagt Insekten über Feldern und oft in niedrigem Flug über Wasser.

Rötelschwalbe *Hirundo daurica*
18 cm. Gewöhnlich in felsigem Gelände und an der Küste. Baut Schlammnester mit langem, schmalem Eingang an Höhlenwänden, Klippen, unter Brücken oder an Gebäuden.

Felsenschwalbe *Hirundo rupestris*
14 cm. Im Gebirge und an der Küste. Baut napfförmige Schlammnester in Höhlen von Felswänden, gelegentlich auch an Gebäuden.

Mehlschwalbe *Delichon urbica*
13 cm. Zahlreich in Städten und Ortschaften, aber auch im offenen Gelände. Baut Schlammnester mit engem Schlupfloch unter Dachrändern, Brücken sowie an Felsen und Klippen.

Uferschwalbe *Riparia riparia*
13 cm. In offenem Gelände, besonders in der Nähe von Gewässern. Nistet kolonieweise in selbstgegrabenen Erdlöchern an Flußufern, in Sand- und Kiesgruben.

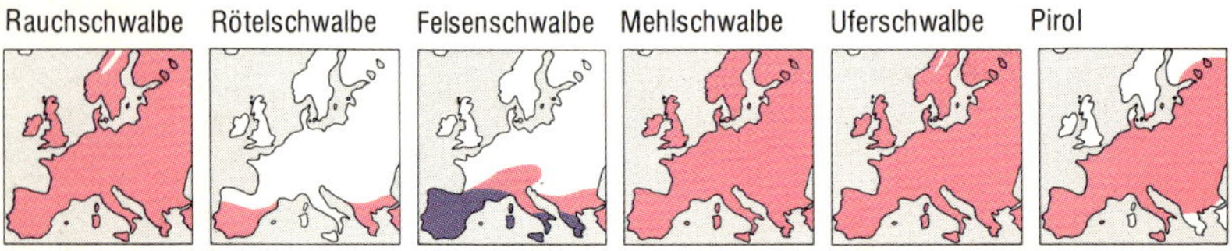

Pirole

Familie Oriolidae

Die Mehrzahl der Pirole sind prächtig gefärbte Vögel der tropischen Wälder. In Europa findet man nur eine Art.

Pirol *Oriolus oriolus* 24 cm. In Wäldern, Obstgärten und baumreichen Parks. Meist im Blattwerk der Baumkronen versteckt.

WICHTIGE KENNZEICHEN

Rauchschwalbe Tiefgegabelter Schwanz, rote Kehle, tiefblauer Rücken.

Rötelschwalbe Wie die Rauchschwalbe, aber ohne rote Kehle und mit gelblichem (nicht rotem) Bürzel.

Felsenschwalbe Brauner Rücken, Unterseite insgesamt hell gelblich.

Mehlschwalbe Tiefblauer Rücken mit weißem Bürzel, Unterseite vollständig weiß.

Uferschwalbe Wie die Felsenschwalbe, aber mit braunem Brustband.

Pirol Männchen: leuchtend gelb mit schwarzen Flügeln. Weibchen: Kopf und Körper oben grün und unterseits weißlich gestreift.

Mehlschwalben sammeln sich in großer Zahl im Herbst auf Telegraphendrähten, bevor sie zur Überwinterung nach Afrika ziehen.

Rabenvögel

Familie Corvidae

Krähen sind die größten Sperlingsvögel und gehören mit zu den intelligentesten Vögeln. Auf der Suche nach Nahrung umgehen sie geschickt Fallen und ignorieren Vogelscheuchen. Sie speichern Vorräte für den Winter und öffnen Schneckenhäuser durch Aufschlagen auf Steine. Ihre Stimme ist eher ein Krächzen als ein Gesang.

Saatkrähen bauen ihre Nester aus Sicherheitsgründen in den Baumwipfeln; als gesellige Vögel nisten sie oft in dichten Kolonien. Dohlen und auch Eulen übernehmen oftmals Nester, die von den Saatkrähen verlassen worden sind.

Kolkrabe *Corvus corax* 63 cm. An Küstenfelsen, in Wäldern und offenem Gelände, besonders im Gebirge und meist weit entfernt von menschlichen Ansiedlungen. Baut ein mächtiges Nest auf Felsvorsprüngen oder auf Bäumen. Während der Balz akrobatische Flugspiele, besonders im Frühling. Jagt Kaninchen, Igel und Ratten, oft auch an Aas anzutreffen. Größter Rabenvogel in Europa.

Dohle

Nebelkrähe

Saatkrähe

Rabenkrähe *Corvus corone corone* 46 cm. In Mooren, an der Küste, in Feldern, Parks und Gärten. Vereinzelt oder in Paaren zu beobachten. Nistet paarweise auf Bäumen oder Felsen. Gewöhnlich als Krähe bezeichnet.

Nebelkrähe *Corvus corone cornix* 46 cm. Vorkommen und Lebensweise wie die Rabenkrähe. Beide gehören zur gleichen Art und vermischen sich dort, wo sich ihre Verbreitungsgebiete überlappen.

Saatkrähe *Corvus frugilegus* 46 cm. Auf Feldern, die von Bäumen und kleinen Gehölzen umgeben sind, auf denen die Saatkrähen kolonieweise nisten. Im Winter auch an den Meeresküsten und in offenem Gelände, gewöhnlich in kleinen Trupps.

Dohle *Corvus monedula* 33 cm. Auf Feldern, in offenem Gelände und an Felsküsten. Nistet gesellig in Baumhöhlen, in Felslöchern und auf Gebäuden. Zumeist in kleinen Schwärmen, auch in Städten, wo sie lärmend um Türme kreisen.

WICHTIGE KENNZEICHEN

Kolkrabe Mächtige Gestalt; schwarzer Körper mit großem schwarzen Schnabel und keilförmigem Schwanzende.

Rabenkrähe Mittelgroß; schwarzer Körper mit kräftigem schwarzen Schnabel.

Nebelkrähe Wie die Rabenkrähe, aber mit grauem Rücken und Bauch.

Saatkrähe Wie die Rabenkrähe, aber mit grauem Fleck am Schnabelgrund (wirkt vergrößernd).

Dohle Schwarzer Körper mit grauem Hinterkopf und Hals.

Kolkrabe

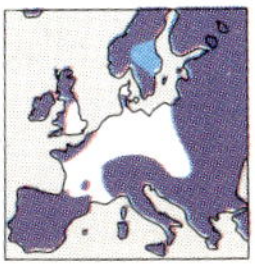

Rabenkrähe

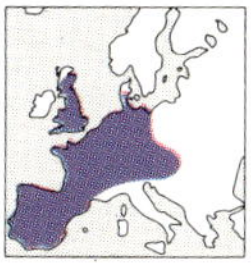

Nebelkrähe

Saatkrähe

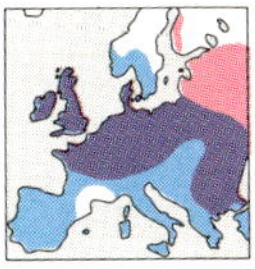

Dohle

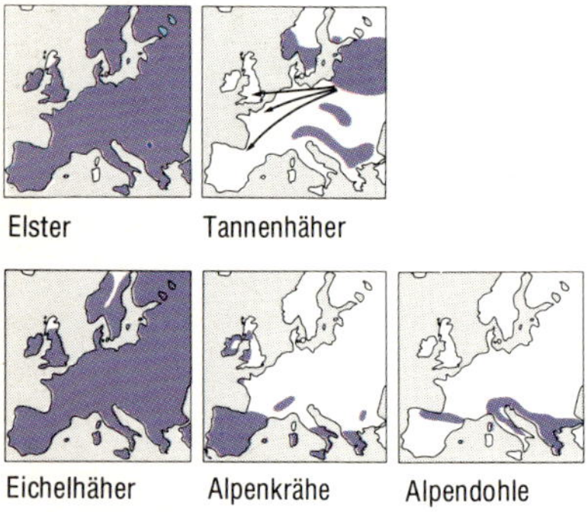

Die Alpendohle folgt dem Bergsteiger und ist auf den höchsten Gipfeln zu beobachten, besonders in den Alpen, in den Pyrenäen und den Gebirgen des Balkans. Die Alpendohle ist ein kräftiger Flieger, der gewöhnlich nicht ins Tiefland hinabsteigt.

Elster

Tannenhäher

Elster *Pica pica* 46 cm. Auf Feldern und in offenem Gelände mit vereinzelten Bäumen und Hecken, in denen sie ihr großes haubenförmig überdachtes Nest baut. Oft auch in Stadtparks und Gärten. Sie hat einen charakteristischen Flug, bei dem schnelle Flügelschläge und Gleitflug abwechseln.

Tannenhäher *Nucifraga caryocatactes* 33 cm. In Gebirgswäldern, vor allem Nadelwaldungen. Ernährt sich hauptsächlich von Nüssen, die er im Herbst sammelt und noch Monate später wiederfindet, selbst unter Schnee.

Eichelhäher *Garrulus glandarius* 36 cm. In Wäldern und Obstgärten, manchmal auch in Stadtparks und Kleingärten. Sammelt Eicheln, die er für den Winter im Boden vergräbt. Er kann bis zu sechs Eicheln auf einmal im Schnabel halten. Ein sehr lebhafter und aktiver Vogel mit durchdringender heiserer Stimme; ist oft im Chor zu hören.

Alpenkrähe *Pyrrhocorax pyrrhocorax* 38 cm. In Gebirgen und an Felsküsten, auch in Steinbrüchen. Nistet auf Felsvorsprüngen oder in Höhlen. Zeigt oft akrobatische Luftspiele.

Alpendohle *Pyrrhocorax graculus* 38 cm. In hohen Gebirgen, bis zu den Schneegipfeln. Alpendohlen wurden schon in Gipfelnähe des Mount Everest beobachtet; sie fliegen höher als jeder andere Vogel. Kommt im Winter in die Bergdörfer, um freßbare Abfälle zu suchen.

WICHTIGE KENNZEICHEN

Elster Schwarzer und weißer Körper mit sehr langem Schwanz.
Tannenhäher Brauner Körper mit weißen Flecken, weiße Schwanzunterseite.
Eichelhäher Blauer und weißer Fleck am Flügel; weißer Bürzel.
Alpenkrähe Schwarzer Körper mit roten Beinen und rotem gebogenen Schnabel.
Alpendohle Wie die Alpenkrähe, aber mit gelbem Schnabel.

Eichelhäher

Alpenkrähe

Alpendohle

Meisen

Familie Paridae

Kohlmeise

Blaumeise

Tannenmeise

Eine Blaumeise pickt den Verschluß einer Milchflasche auf.

Meisen sind überwiegend Waldvögel, einige von ihnen sind auch häufige Besucher unserer Gärten. Von anderen Vögeln in Wald und Garten sind sie leicht durch ihren rundlichen Körper zu unterscheiden. Sie streifen von Ast zu Ast, auf der Suche nach Insekten, Knospen und Samen. Meisen sind Höhlenbrüter und legen zwischen 4 und 5 Eier, mitunter aber auch bis zu 20. In Gärten sind sie leicht anzulocken, da sie wenig Furcht vor dem Menschen zeigen. Ihre Beweglichkeit erlaubt es ihnen, die verschiedensten Futterquellen auszunutzen, was sich auch bei den Meisenringen zeigt. Im Winter treten die Meisen nicht selten in gemischten Schwärmen auf.

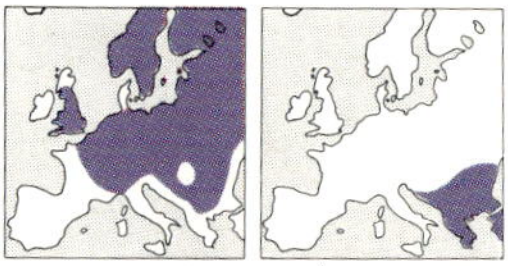

Weidenmeise Trauermeise

Lapplandmeise Kohlmeise Blaumeise Tannenmeise Haubenmeise Sumpfmeise

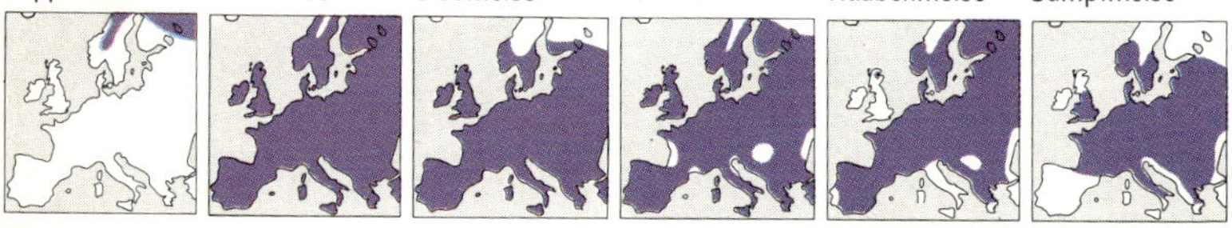

WICHTIGE KENNZEICHEN

Kohlmeise Gelbe Unterseite mit schwarzem Längsband.

Blaumeise Scheitel, Flügel und Schwanz blau.

Tannenmeise Weißer Fleck auf dem Hinterkopf.

Haubenmeise Schwarz-weiß gesprenkelte Haube.

Sumpfmeise Schwarzer Scheitel ohne den weißen Nacken der Tannenmeise.

Weidenmeise Wie die Sumpfmeise, aber mit hellem Flügelfleck.

Trauermeise Wie die Sumpfmeise, aber mit großem schwarzen Kehlfleck.

Lapplandmeise Brauner Scheitel, schwarze Kehle.

Kohlmeise *Parus major* 14 cm. Häufig in Wäldern, Parks und Gärten. Pickt gelegentlich den Verschluß von Milchflaschen auf, um an den Rahm zu gelangen.

Blaumeise *Parus caeruleus* 11 cm. Zahlreich in Wäldern, Parks und Gärten. Öffnet wie die Kohlmeise Milchflaschen. Gelegentlich reißt sie Streifen von Zeitungen, Buchseiten und ähnlichem, was als Abreißen von Rinde bei der Suche nach Insekten gedeutet werden kann.

Tannenmeise *Parus ater* 11 cm. Häufig, besonders in Nadelwäldern. Weniger zahlreich in Gärten als die beiden vorgenannten Arten.

Haubenmeise *Parus cristatus* 11 cm. Besonders in Nadelwäldern zu beobachten, seltener in Gärten.

Sumpfmeise *Parus palustris* 11 cm. Häufig in Wäldern und oft auch in Gärten. Trotz ihres Namens nur selten in Sümpfen. Nistet in natürlichen Höhlen.

Weidenmeise *Parus montanus* 11 cm. In Wäldern, vor allem an feuchten Stellen. Zimmert sich Nisthöhlen in morschen Stämmen.

Trauermeise *Parus lugubris* 14 cm. In Wäldern und felsigem Gelände. Weniger neugierig als andere Meisen und meist Einzelgänger.

Lapplandmeise *Parus cinctus* 13 cm. In Wäldern. Flaumiges Aussehen, anders als die übrigen Meisen.

Schwanzmeisen

Familie Aegithalidae

Wäre nicht der lange Schwanz, dann würden diese Vögel zu den kleinsten gehören, die wir kennen. Auch ihr Schnabel ist sehr kurz. In Europa gibt es nur eine Art.

Schwanzmeise *Aegithalos caudatus* 14 cm. In buschreichen Wäldern, heckenbestandenem Kulturland, in Parkanlagen und Obstgärten. Baut ein eiförmiges geschlossenes Nest aus feinen Moospflänzchen mit einem winzigen Schlupfloch. Im Nest muß der Vogel seinen langen Schwanz nach vorn über den Rücken legen.

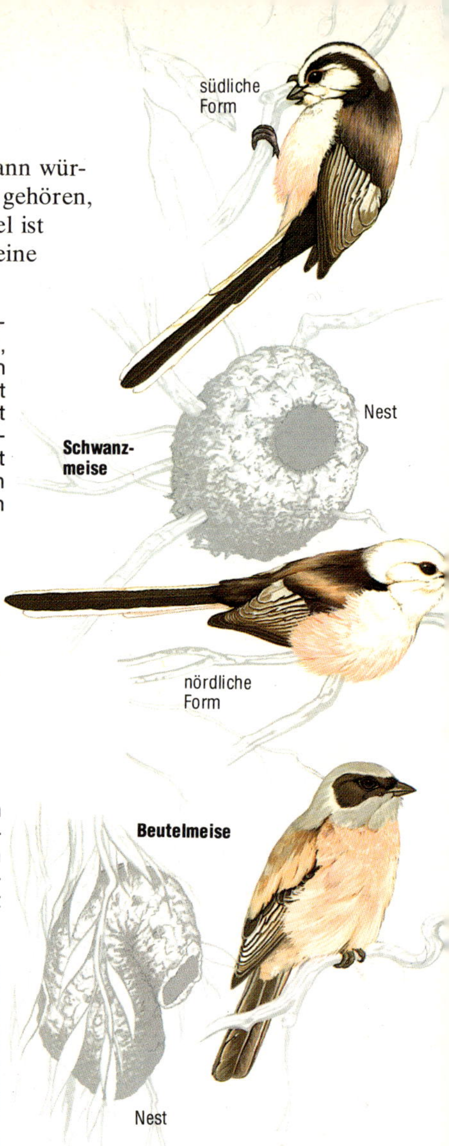

Beutelmeisen

Familie Remizidae

Beutelmeisen haben ihren Namen von den kunstvollen, beutelförmigen Hängenestern, die sie bauen. In Europa gibt es nur eine Art.

Beutelmeise *Remiz pendulinus* 11 cm. In Sumpfgebieten und an Gewässerrändern. Baut beutelförmige, geschlossene Nester, die an den Zweigen von Buschwerk, Bäumen oder im Röhricht aufgehängt sind und eine Einflugröhre haben.

WICHTIGE KENNZEICHEN

Schwanzmeise Zierlicher schwarzer und weißer Körper mit sehr langem Schwanz.
Beutelmeise Braun und weiß mit einem großen schwarzen Augenfleck.
Kleiber Blaugrauer Rücken, kurzer Schwanz.
Mauerläufer Rote Flügelzeichnung.
Waldbaumläufer Gebogener Schnabel; braun gestreifter Rücken und weiße Unterseite.
Gartenbaumläufer Sehr ähnlich dem Waldbaumläufer, aber mit bräunlicheren Flanken.

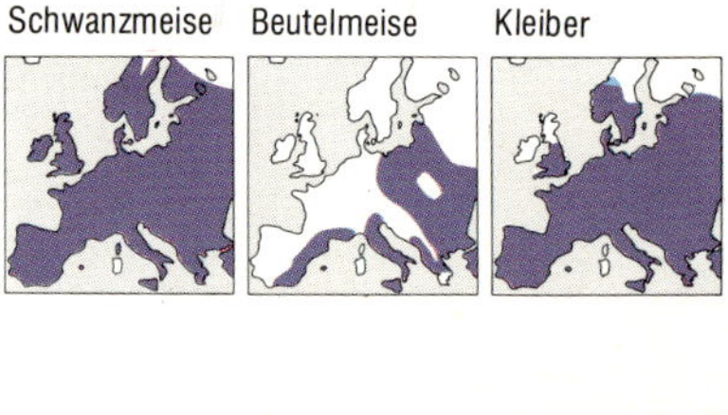

Spechtmeisen und Mauerläufer Familie Sittidae

Spechtmeisen sind sehr bewegliche Baumvögel mit kräftigem Schnabel und großen Füßen. Sie klettern an Bäumen auf- und abwärts, wobei sie die Rinde nach Insekten absuchen.
Mauerläufer klettern an Felsen wie auch an Gemäuer und erinnern mehr an Baumläufer als an Spechtmeisen. Ihr Flug gleicht dem Flattern der Schmetterlinge.

Kleiber *Sitta europaea* 14 cm. In Wäldern, Parks und Gärten, kommt auch an den Futtertisch. Nistet in Baumhöhlen und verklebt zu große Eingänge mit Lehm. In Nordeuropa leben zwei Unterarten: eine weißbäuchige Form *(S. eu. europaea)* und eine andere *(S. europaea caesia)* mit rahmgelber Unterseite. In Südosteuropa kann man den sehr ähnlichen Felsenkleiber *(Sitta neumayer)* in felsigem Gelände beobachten.
Mauerläufer *Tichodroma muraria* 16 cm. In Felsschluchten und an Klippen, kommt im Winter in die Täler hinab, wo er auch in der Nähe von Häusern zu beobachten ist. Nistet in Felsspalten.

Baumläufer
Familie Certhiidae

Die Baumläufer suchen die Rinde nach versteckten Insekten ab.
Sie nisten in Baumhöhlen oder -spalten und hinter Efeu.

Waldbaumläufer *Certhia familiaris* 13 cm. In Wäldern, Parks und Gärten. Im Winter zusammen mit Meisen.
Gartenbaumläufer *Certhia brachydactyla* 13 cm. An denselben Stellen wie der Waldbaumläufer. In Mittel- und Südeuropa lebt diese Art mehr in der Ebene, während der Waldbaumläufer Gebirgswälder bewohnt.

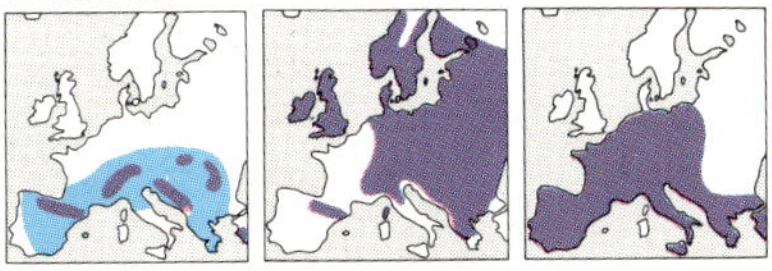

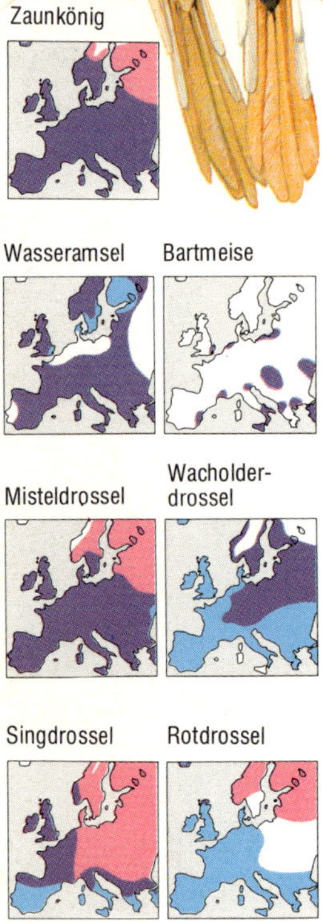

Zaunkönige

Familie Troglodytidae

Bis auf eine Art leben alle Zaunkönige in Amerika. Es sind sehr kleine Vögel.

Zaunkönig *Troglodytes troglodytes* 10 cm. Lebt zwischen niedrigen Pflanzen und ist fast überall anzutreffen: im Gebirge und an der Küste, in Mooren, Wäldern, Feldern, Parks und Gärten. Häufig in Hecken, an Mauern oder am Boden auf der Suche nach Insekten zu beobachten. Nistet in Hecken und Buschwerk, aber auch in Baum- oder Mauerhöhlen.

Wasseramseln

Familie Cinclidae

Wasseramseln sind an das Leben in Fließgewässern angepaßt. Sie können schwimmen und tauchen und auf der Suche nach kleinen Wassertieren sogar am Boden des Baches entlanglaufen. Meist sitzen sie auf größeren Steinen im Bach und knicksen in einer typischen Art und Weise. In Europa lebt nur eine Art.

Wasseramsel *Cinclus cinclus* 18 cm. Vor allem an Gebirgsbächen, aber auch an klaren Gewässern der Ebene, im Winter gelegentlich an der Küste. Baut ihr Nest an Flußufern, unter Brücken oder hinter Wasserfällen.

Drosselmeisen

Familie Timaliidae

Von dieser Familie lebt in Europa nur eine Art.

Bartmeise *Panurus biarmicus* 16 cm. In einsamen und ausgedehnten Röhrichtbeständen. Im Winter zu Schwärmen vereinigt. Nest am Grunde des Röhrichts in Wassernähe. Der Name bezieht sich auf die große bartähnliche Zeichnung des Männchens.

Drosseln

Familie Turdidae

In dieser großen Vogelfamilie gibt es einige Arten, die als Gartenbesucher wohlbekannt sind. Sie ernähren sich vor allem von Früchten, Beeren und Insekten, suchen aber auch gerne nach Würmern. Viele Arten erfreuen uns mit ihrem wunderschönen Gesang.

Misteldrossel *Turdus viscivorus* 28 cm. In Wäldern, Kulturland, Parks und Gärten, im Winter in Mooren. Nistet auf Bäumen.

Wacholderdrossel *Turdus pilaris* 25 cm. In Wäldern, in Nordeuropa auch in Parks und Gärten. Nistet in Bäumen, gelegentlich an Gebäuden. Im Winter truppweise zur Futtersuche auf Feldern und offenem, mit Baumgruppen bestandenem Gelände.

Singdrossel *Turdus philomelos* 23 cm. Häufig in Wäldern und Obstgärten mit verstreutem Buschwerk und Hecken sowie in Parks und Gärten. Sucht auf Rasenflächen oftmals nach Würmern. Gehäuseschnecken werden auf einen Stein geschlagen, um die Schale zu zertrümmern. Nistet auf Bäumen, in Büschen, Hekken und auch an Gebäuden.

Rotdrossel *Turdus iliacus* 20 cm. In Wäldern, im Norden in Parks und Gärten. Winters auf Feldern und in offenem Gelände. Nistet in Bäumen oder auf dem Boden.

Rotdrossel

WICHTIGE KENNZEICHEN

Zaunkönig Klein; aufgerichteter Schwanz.
Wasseramsel Dunkel, mit weißer Brust.
Bartmeise Zimtbraune Oberseite mit sehr langem Schwanz; schwarzer Bartstreifen (Männchen).
Misteldrossel Graubrauner Rücken; stark gefleckte Brust; weiße Unterflügel und weiße äußere Schwanzfedern.
Wacholderdrossel Grauer Kopf und Bürzel, kastanienbrauner Rücken.
Singdrossel Ähnlich der Misteldrossel, aber kleiner, brauner Rücken und die Brust heller gefleckt; lederfarbene Unterflügel und ganz brauner Schwanz.
Rotdrossel Rötliche Flanken und Unterflügel; heller Streifen über dem Auge.

Ringdrossel *Turdus torquatus* 24 cm. Auf Bergmooren mit zerstreuten Bäumen und Buschwerk. Nistet zwischen niedrigen Pflanzen, an Felsvorsprüngen oder Mauern.
Amsel *Turdus merula* 25 cm. Sehr zahlreich in Wäldern, Obstgärten, Hecken, Parks und Kleingärten; im Winter auch in Feldern. Nistet auf Bäumen, im Gebüsch und in Hecken, am Boden oder an Gebäuden. Gelegentlich kann man Teilalbinos oder auch völlig weiße Exemplare beobachten.
Steinrötel *Monticola saxatilis* 19 cm. Lebt und nistet in offenem, felsigem Gelände mit einzelnen Bäumen im westlichen Europa; im Osten in tieferen Lagen.
Blaumerle *Monticola solitarius* 20 cm. Auf Fels- und Sandboden von der Küste bis ins Gebirge. Im südlichen Europa auch in Städten. Nistet in Felshöhlen und -spalten und in Löchern von Gebäuden.
Steinschmätzer *Oenanthe oenanthe* 15 cm. In offenem Gelände, von Hochmooren und Bergweiden bis hin zur Küste. Nistet in Bodenhöhlen, Steinhaufen oder Mauerlöchern.
Mittelmeersteinschmätzer *Oenanthe hispanica* 14 cm. In Fels- und Sandgebieten mit Baumgruppen und Buschwerk. Nistet in Fels- oder Mauerlöchern. Männchen mit weißer oder schwarzer Kehle.
Trauersteinschmätzer *Oenanthe leucura* 18 cm. Im Gebirge und an Küstenklippen. Nistet in Felshöhlen, deren Eingang er oft mit einem kleinen Wall von Kieselsteinen schützt.

WICHTIGE KENNZEICHEN

Ringdrossel Schwarz, mit weißem Brustband.
Amsel Männchen: schwarz, mit leuchtend gelbem Schnabel. Weibchen: dunkelbraun.
Steinrötel Männchen: blauer Kopf, rostrote Unterseite und Schwanz, weißes Rückenband. Weibchen: braun gefleckt, mit rostbraunem Schwanz.
Blaumerle Männchen: blauer Körper, mit dunklen Flügeln und dunklem Schwanz. Weibchen: wie beim Steinrötel, aber mit dunkelbraunem Schwanz.
Steinschmätzer Männchen im Sommer: schwarzer Fleck über dem Auge; grauer Scheitel, grauer Rücken und Bürzel. Weibchen und Männchen im Herbst: weißer Streifen über dem Auge; graubrauner Rücken und weißer Bürzel.
Mittelmeersteinschmätzer Männchen: schwarzer Fleck über dem Auge und weißer bis kastanienbrauner Scheitel, ledergelber Rücken und weißer Bürzel; schwarzer Fleck eventuell bis zur Kehle reichend. Weibchen: wie beim Steinschmätzer, aber mit dunklem Wangenfleck und dunkleren Flügeln.
Trauersteinschmätzer Männchen: schwarzer Körper. Weibchen: dunkler, schokoladenbrauner Körper. Beide mit weißem Bürzel.

Ringdrossel

Amsel

Steinrötel

Blaumerle

Steinschmätzer

Mittelmeer-
steinschmätzer

Trauer-
steinschmätzer

Nestlinge der Amsel, rechts ein Albino

Schwarzkehlchen *Saxicola torquata* 13 cm. In Moorgebieten, in Küstennähe und auf ginsterbestandenem Ödland. Sitzt auf erhöhten Warten und wippt ständig mit Flügeln und Schwanz. Nest in einem Busch oder zwischen Grasbüscheln versteckt.

Braunkehlchen *Saxicola rubetra* 13 cm. An ähnlichen Stellen wie das Schwarzkehlchen, aber auch auf Wiesengelände und Feldern. Im Verhalten wie das Schwarzkehlchen.

Gartenrotschwanz *Phoenicurus phoenicurus* 14 cm. In Wäldern, in Heide mit alten Bäumen und Büschen, in Parks und Gärten. Wippt ständig mit dem Schwanz. Nistet in Baumhöhlen und Mauerlöchern.

Hausrotschwanz *Phoenicurus ochruros* 14 cm. An Felshängen und Klippen, auch in den Städten. Wippt ständig mit dem Schwanz. Nistet in Fels- und Mauerlöchern und an Gebäuden.

Nachtigall *Luscinia megarhynchos* 16 cm. Versteckt in Laubwaldungen mit dichtem Unterholz, in verwilderten Hecken und Parkanlagen, gelegentlich in Gärten. Nest gut verborgen in Bodennähe. Sehr schwer zu entdecken, doch ist der Gesang oft zu hören, besonders bei Nacht.

WICHTIGE KENNZEICHEN

Schwarzkehlchen Männchen: schwarzer Kopf (im Winter bräunlich) mit rostbrauner Brust. Weibchen: wie das Männchen, aber viel heller.
Braunkehlchen Männchen: dunkle Wangen und weißer Streifen über dem Auge; an der Schwanzbasis weiß. Weibchen: wie das Männchen, aber heller.
Gartenrotschwanz Männchen: schwarze Kehle und rostrote Brust; rötlicher Schwanz. Weibchen: gelblich-braune Brust und rötlicher Schwanz.
Hausrotschwanz Männchen: schwarz, mit rötlichem Schwanz. Weibchen: wie beim Gartenrotschwanz, aber mit graubrauner Brust.
Nachtigall Brauner Rücken und braunroter Schwanz; einfarbige Brust.
Sprosser Graubrauner Rücken und teilweise braunroter Schwanz; bräunlich gewölkte Brust.
Blaukehlchen Männchen: blaue Kehle mit rotem oder weißem Fleck im Zentrum. Weibchen: dunkles Brustband und kastanienbraune Flecken am Schwanz.
Rotkehlchen Gesicht und Brust orangerot.

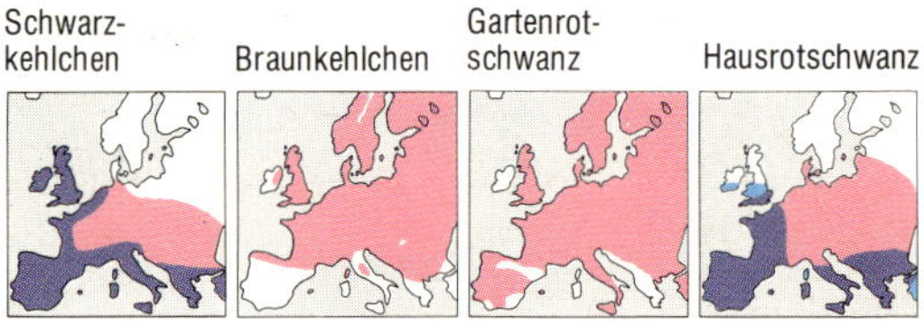

Sprosser *Luscinia luscinia* 16 cm. Lebensweise, Nistgewohnheiten und Gesang sehr ähnlich der Nachtigall. Beide Arten kommen nur in einer schmalen Zone im östlichen Europa zusammen vor.

Blaukehlchen *Luscinia svecica* 14 cm. Versteckt in sumpfigen Dikkichten und verwilderten Hecken, meist in Wassernähe. Nest verborgen am Boden. In Mittel- und Südeuropa findet sich das Weißsternige Blaukehlchen *(L. svecica cyanecula),* bei dem die blaue Kehle des Männchens weiß gekernt ist, und in Nordeuropa das Rotsternige Blaukehlchen *(L. s. svecica)* mit rotem Zentrum des blauen Kehlflecks. Im Winter verblaßt das Blau.

Rotkehlchen *Erithacus rubecula* 14 cm. Recht zahlreich in Wäldern, Hecken, Parks und Gärten, meist am Boden. Nistet in Baumhöhlen und Mauerlöchern. In manchen Gegenden sind die Rotkehlchen weniger scheu und kommen zum Futtertisch. In der Regel einzeln oder im Frühjahr und Sommer paarweise. Gegenüber seinesgleichen so aggressiv, daß es sogar sein Spiegelbild attackiert.

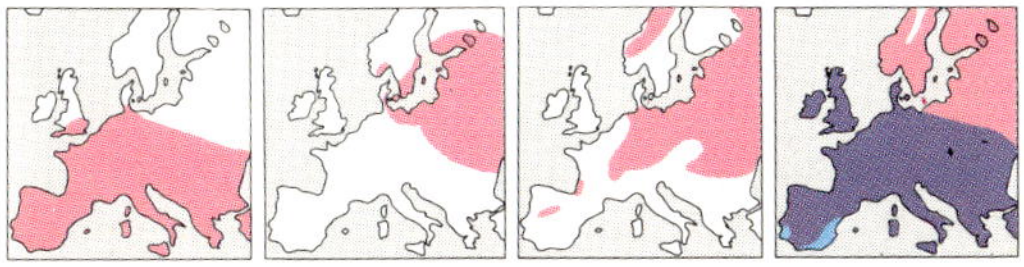

Grasmücken

Familie Sylviidae

Grasmücken sind kleine, flinke Vögel, die in Bäumen und Sträuchern, aber auch in schilfartigen Gräsern rastlos auf der Suche nach Insekten sind. Die bei uns vorkommenden Arten haben meist einen auffallenden Gesang, der von Art zu Art verschieden ist. Die Vögel sind sehr scheu und deshalb schwer zu beobachten. Den meisten Arten fehlen auffallende Farben, und sie haben wenig ins Auge fallende Unterscheidungsmerkmale. Deshalb ist es besonders wichtig, auf ihren Gesang zu achten.

Seidensänger *Cettia cetti* 14 cm. Nistet in dichtem Gebüsch und Schilf, vor allem an Flußufern und sumpfigen Stellen. Wippt mit dem Schwanz.

Feldschwirl *Locustella naevia* 13 cm. Nistet vorwiegend in dichtem Unterwuchs, hohen Gräsern und Schilf in offener Landschaft mit verstreut stehenden Bäumen und Sträuchern. Hat seinen Namen nach dem schwirrenden Gesang, der an den der Laubheuschrecken erinnert. Die Unterseite ist gelblich getönt.

Rohrschwirl *Locustella luscinioides* 14 cm. Nistet zwischen Büschen und Schilf auf feuchten Böden und in Sümpfen. Am besten zu beobachten, wenn der Vogel an der Spitze von Schilf oder Gebüsch aufsitzt.

Mariskensänger *Acrocephalus melanopogon* 13 cm. Nistet zwischen Schilf und in kleinen Büschen in Sumpfgebieten und an Flußläufen. Wippt mit dem Schwanz – im Gegensatz zum ähnlichen Schilfrohrsänger und Seggenrohrsänger.

Drosselrohrsänger *Acrocephalus arundinaceus* 19 cm. Hält sich zwischen Schilf an Teich- und Flußufern auf. Baut sein Nest um Schilfhalme. Ist am besten zu sehen, wenn er an der Spitze der Halme sitzt und singt. Die größte europäische Grasmücke.

Teichrohrsänger *Acrocephalus scirpaceus* 13 cm. Nistet zwischen

Teichrohrsänger

Schilf und in kleinen Büschen an Gewässern, seltener an Feldrändern. Sitzt an der Spitze von Schilfhalmen und singt. Baut sein Nest um die Grashalme.

Drosselrohrsänger

WICHTIGE KENNZEICHEN
Seidensänger Rücken rotbraun, nicht gestreift. Gesang: ein wiederholtes, schluchzendes »Tschi-tschi«.
Feldschwirl Rücken gestreift, mit hellem Augenstreifen. Gesang: ein lang anhaltender, schnurrender Ton.
Rohrschwirl Dem Teichrohrsänger ähnlich, aber mit weißer Kehle. Gesang: wie beim Feldschwirl, aber tiefer und kürzer.
Mariskensänger Rücken dunkel gestreift; Kappe dunkel, mit hellem Augenstreifen. Gesang: melodisch, an eine Nachtigall erinnernd.
Drosselrohrsänger Groß, Rücken braun, nicht gestreift, mit einem Augenstreifen. Gesang: laut, knarrend und rauh.
Teichrohrsänger Dem vorigen ähnlich, aber kleiner und mit hellem Augenstreifen. Gesang: eintönig, eine Mischung von weichen und rauhen Lauten.

Mariskensänger

Seidensänger

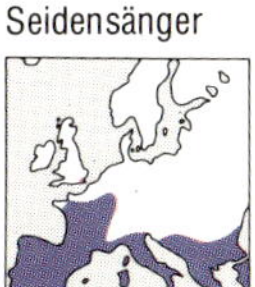

Feldschwirl

Rohrschwirl

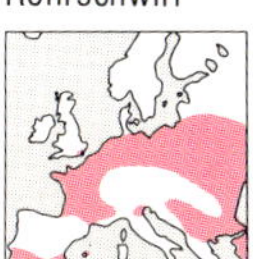

Mariskensänger

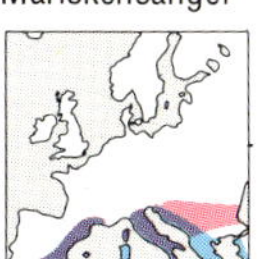

Drosselrohrsänger

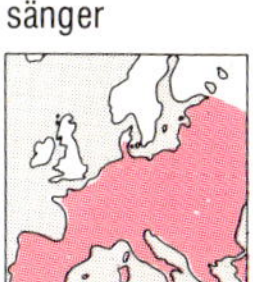

Teichrohrsänger

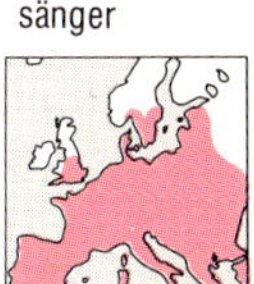

Männchen der Mönchsgrasmücke mit Jungen

WICHTIGE KENNZEICHEN

Sumpfrohrsänger Dem Teichrohrsänger ähnlich, aber mit braungrünlichem Rücken und rosa Beinen. Gesang: vielseitig, melodisch, mit Trillern.

Schilfrohrsänger Dem Mariskensänger ähnlich, aber heller. Gesang: eine Mischung aus weichen und rauhen Lauten.

Seggenrohrsänger Dem vorigen ähnlich, aber mit einem lederfarbenen Scheitelstreifen. Gesang: wie beim Schilfrohrsänger.

Orpheusspötter Graugrün, mit gelblicher Unterseite und braunen Beinen. Gesang: melodisch, sehr vielseitig.

Gelbspötter Dem vorigen ähnlich, aber mit blaugrauen Beinen. Gesang: wiederholte kurze Strophen, teils melodisch, teils rauh.

Blaßspötter Auf der Oberseite graubraun, unterseits weißlich, mit rotgelbem Augenstreifen. Gesang: wie beim Schilfrohrsänger.

Mönchsgrasmücke Männchen: Kappe schwarz. Weibchen: Kappe braun. Gesang: melodisch und außerordentlich verschieden.

Sumpfrohrsänger | Schilfrohrsänger | Seggenrohrsänger

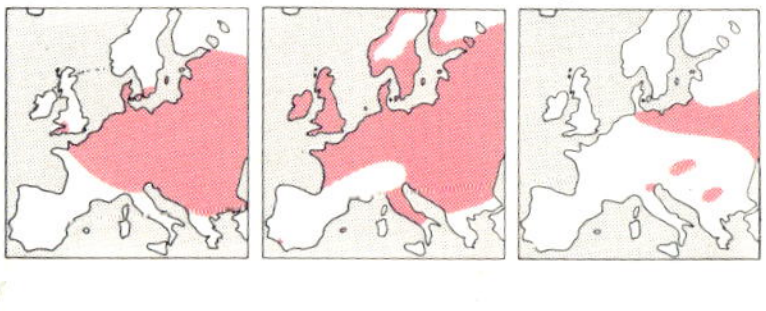

Sumpfrohrsänger *Acrocephalus palustris* 13 cm. Nistet in niedrigem Gebüsch in sumpfigen Gebieten, an Gräben und Flüssen, aber auch auf Getreidefeldern. Sitzt auf niedrigen Zweigen und singt. Ist dem Teichrohrsänger recht ähnlich, lebt aber nicht im Schilf.

Schilfrohrsänger *Acrocephalus schoenobaenus* 13 cm. Nistet zwischen Schilf, in niedrigem Gebüsch und in Hecken, gewöhnlich in der Nähe von Wasser. Sitzt auf den Grashalmen, singt aber auch im Flug.

Seggenrohrsänger *Acrocephalus paludicola* 13 cm. Nistet zwischen Schilf und in niedrigen Büschen am Rande offener Wasserflächen. Ist scheu, kann aber im Singflug beobachtet werden.

Orpheusspötter *Hippolais polyglotta* 13 cm. Hält sich in Wäldern und im Gebüsch an Flußläufen, in Parks und Gärten auf. Nistet in Büschen und Hecken. Ist dem Gelbspötter sehr ähnlich; beide Arten bewohnen in Europa getrennte Gebiete und treffen nur in einem schmalen Streifen zusammen.

Gelbspötter *Hippolais icterina* 13 cm. Nistet an den gleichen Stellen wie der Orpheusspötter, aber kaum in der Nähe von Wasser.

Blaßspötter *Hippolais pallida* 13 cm. Nistet in Bäumen, Gebüschen und Hecken in Wäldern, Obstgärten, Parks und Anlagen. Ist der Gartengrasmücke ähnlich, hat aber in Europa eine andere Verbreitung.

Mönchsgrasmücke *Sylvia atricapilla* 14 cm. Nistet im Unterwuchs, in Gebüschen und Hecken, in Wäldern, Parks und Gärten. Meist sehr scheu, kommt im Winter aber manchmal zu den Futterplätzen. Nur das Männchen hat eine schwarze Haube, beim Weibchen ist sie braun.

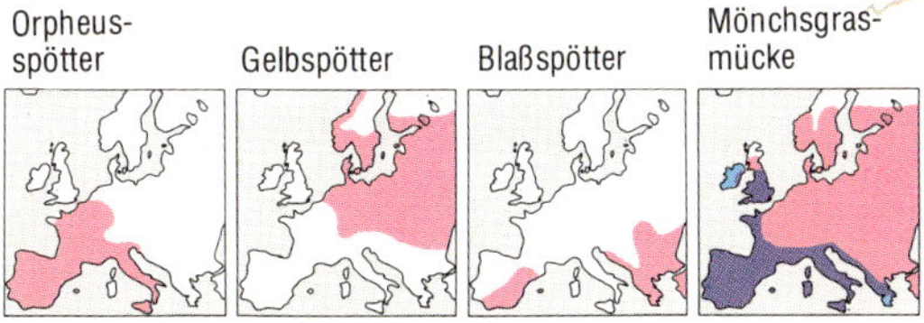

Sperbergrasmücke

Orpheusgrasmücke

Garten-
grasmücke

Sperbergrasmücke *Sylvia nisoria* 15 cm. Nistet in Gebüsch und Hekken in Wäldern und Feldern. Gewöhnlich scheu, kann aber im Singflug beobachtet werden.

Orpheusgrasmücke *Sylvia hortensis* 15 cm. Nistet in Gebüschen und auf Bäumen in Wäldern und Obstgärten.

Gartengrasmücke *Sylvia borin* 14 cm. Verbirgt sich; nistet im Unterwuchs in Wäldern und in Gebüschen und Hecken, oft in Parks und Gärten. Dieser Vogel ist von allen europäischen Arten der unscheinbarste und hat keinerlei Merkmale.

Dorngrasmücke *Sylvia communis* 14 cm. Nistet in niedrigem Gebüsch, in Hecken und Brombeersträuchern in Wäldern, an Feldrändern und in Gärten. Sehr beweglich, fliegt unermüdlich hin und her und singt während des Fluges.

Klappergrasmücke *Sylvia curruca* 13 cm. Nistet auf Bäumen und Sträuchern in Wäldern, Parks und Gärten.

Samtkopfgrasmücke *Sylvia melanocephala* 14 cm. Nistet in niedrigem Gebüsch in Wäldern und in offener Landschaft, in Parks und Gärten. Kann beim Aufsitzen, aber auch während des Singfluges beobachtet werden.

Bartgrasmücke *Sylvia cantillans* 13 cm. Nistet in Sträuchern und Gebüschen zwischen einzeln stehenden Bäumen, auf Kahlschlägen und auch an Flußläufen. Kann während des Singfluges beobachtet werden.

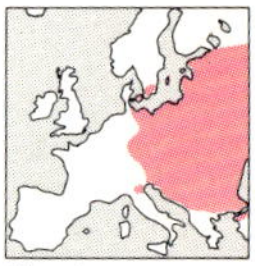

Sperbergrasmücke

Orpheusgrasmücke

Gartengrasmücke

Dorngrasmücke

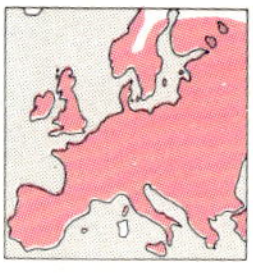

Klappergrasmücke

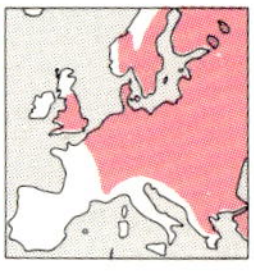

Samtkopfgrasmücke

Bartgrasmücke

WICHTIGE KENNZEICHEN

Sperbergrasmücke Unterseite gefleckt. Gesang: melodisch und laut, in kurzen Strophen, durch Schnarren unterbrochen.

Orpheusgrasmücke Kappe schwarz, bis unter das gelbliche Auge reichend. Gesang: wiederholte Triller in verschiedenen Tonlagen.

Gartengrasmücke Oberseits hellbraun, auf der Unterseite grauweiß, ohne auffallende Zeichnung. Gesang: angenehm und melodisch, oft lang anhaltend.

Dorngrasmücke Kehle weiß, Kopf hellgrau (Männchen) oder braun (Weibchen), Flügel rotbraun. Gesang: rauh, schnarrend und wenig melodisch.

Klappergrasmücke Der vorigen ähnlich, aber mit dunklerem Augenfleck und graubraunen Flügeln. Gesang: anfangs ein leises Gezwitscher, das mit einem lauten Klappern endet.

Samtkopfgrasmücke Kappe schwarz (Männchen) oder braun (Weibchen), bis unter das rote Auge reichend. Gesang: lang anhaltend und melodisch, durch Schnarren unterbrochen.

Bartgrasmücke Kehle orangefarben (beim Weibchen heller), mit weißem Bartstreifen. Gesang: leise und melodisch.

Ein Fitis-Pärchen an seinem Nest in einem Gebüsch. Diese Vögel sehen dem Zilpzalp ähnlich, haben aber einen wohlklingenden Gesang. Außerdem bevorzugen sie dichte Gebüsche, während der Zilpzalp mehr auf höheren Bäumen lebt.

Brillengrasmücke *Sylvia conspicillata* 13 cm. Nistet in niedrigem Gebüsch in offener, trockener Landschaft. Singt auf den oberen Zweigen der Sträucher sitzend und während des Fluges.

Provencegrasmücke *Sylvia undata* 13 cm. Nistet in niedrigem Strauchwerk und in Gebüschen in offener Landschaft auf trockenen Hügeln. Sehr scheu, singt im Flug. Hat in England ihr Brutgebiet in den letzten Jahren ausgedehnt, ist aber trotzdem von der Ausrottung bedroht. Wahrscheinlich sterben viele Vögel während kalten Wintern und durch Heidebrände.

Cistensänger *Cisticola juncidis* 10 cm. Nistet in dichtem, niedrigem Gebüsch in Sümpfen, an Seen, Teichen und Flußufern, auf Feldern und im offenen Gelände. Sehr scheu, kann beim Singflug beobachtet werden.

Cistensänger

Brillengrasmücke

Provencegrasmücke

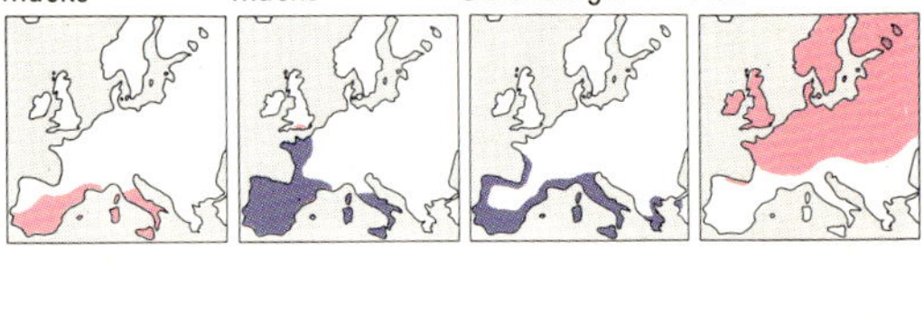

Fitis *Phylloscopus trochilus* 11 cm. Fliegt hastig in Wäldern, zwischen einzeln stehenden Bäumen und Büschen, in Parks und Gärten. Nistet meist am Boden zwischen Gebüsch. Mit Ausnahme des Gesangs dem Zilpzalp sehr ähnlich.

Zilpzalp *Phylloscopus collybita* 11 cm. An den gleichen Stellen wie der Fitis und ebenso rastlos, bevorzugt aber Gebiete mit vielen Bäumen. Nistet am Boden. Ist dem Fitis sehr ähnlich, hat aber einen anderen Gesang.

Waldlaubsänger *Phylloscopus sibilatrix* 13 cm. Nistet in Wäldern. Ein sehr lebendiger Vogel, der von Baum zu Baum fliegt und dabei seinen Gesang erschallen läßt.

Berglaubsänger *Phylloscopus bonelli* 11 cm. In Wäldern, gewöhnlich auf Hügeln und im Bergland. Nistet zwischen den Bäumen auf dem Boden.

Zilpzalp

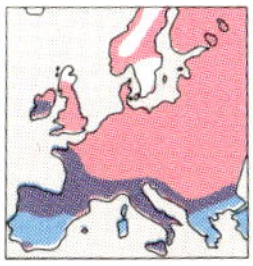

Waldlaubsänger

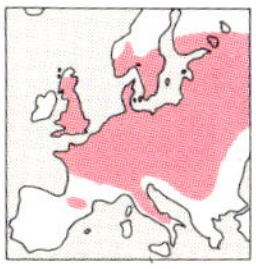

Berglaubsänger

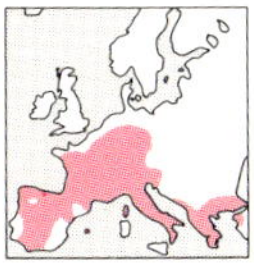

WICHTIGE KENNZEICHEN

Brillengrasmücke Der Dorngrasmücke ähnlich, aber mit rosa Brust und dunklerem Kopf. Gesang: pfeifend, langsam abfallend, meist kurz.

Provencegrasmücke Brust rotbraun, Schwanz aufgebogen. Gesang: kurze, wohlklingende Strophen mit verschieden langen Pausen.

Cistensänger Scheitel und Rücken gestreift, Körper klein mit kurzem Schwanz. Gesang: wiederholtes »Schiep-schiep«.

Fitis Rücken graugrün, Unterseite gelblich, Augenstreifen weiß, Beine fahlgelb. Gesang: eine weiche, abfallende, kurze oder lange Strophe.

Zilpzalp Dem Fitis ähnlich, aber mit dunklen Beinen. Gesang: ein wiederholtes »Zilp-zalp«.

Waldlaubsänger Kehle und Brust gelb, Augenstreifen gelblich. Gesang: ein wiederholtes »Zick Zwi-ip«, dazwischen schnarrende Laute.

Berglaubsänger Dem vorigen ähnlich, aber oberseits mehr grau, unterseits weiß; gelber Bürzel. Gesang: kurze Triller.

Goldhähnchen

Familie Regulidae

Die beiden in Europa vorkommenden Goldhähnchen-Arten gehören zu unseren kleinsten Vögeln.

Wintergoldhähnchen *Regulus regulus* 9 cm. In Wäldern, vor allem in Nadelwäldern, aber auch in Hecken, niedrigen Büschen und im Unterwuchs. Baut sein schwer zu entdekkendes, kugelförmiges Nest zwischen hängenden Fichtenzweigen.

Sommergoldhähnchen *Regulus ignicapillus* 9 cm. An denselben Stellen wie das Wintergoldhähnchen, aber nicht so sehr an Nadelwälder gebunden. Das Nest hängt tiefer als bei der vorigen Art, meist im Gebüsch.

WICHTIGE KENNZEICHEN

Wintergoldhähnchen Klein, mit orangem (Männchen) oder gelbem (Weibchen) Streifen auf dem Scheitel.

Sommergoldhähnchen Wie die vorige Art, aber mit hellem Überaugenstreifen und dunklem Augenstreifen.

Grauschnäpper Graubraun; Brust und Kopf hell gestreift.

Trauerschnäpper Männchen im Sommer: schwarzer Rücken und weiße Unterseite, weißer Flügelfleck. Männchen im Herbst und Weibchen: brauner Rücken und weißer Flügelfleck.

Halsbandschnäpper Männchen im Sommer: wie der vorige, aber mit weißem Halsband (nur die westliche Rasse) und weißer Stirn. Männchen im Herbst und Weibchen: wie der vorige.

Zwergschnäpper Orange (Männchen) oder rotgelbe (Weibchen) Kehle, weiße Schwanzränder.

Wintergoldhähnchen

Sommergoldhähnchen

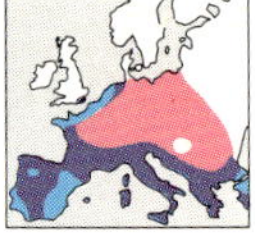

Grauschnäpper

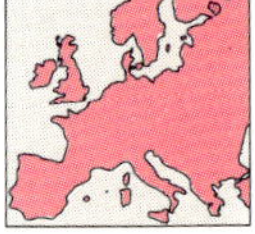

Trauerschnäpper

Halsbandschnäpper

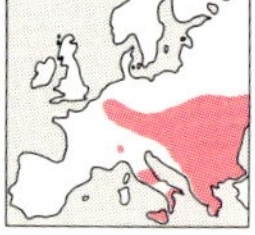

Zwergschnäpper

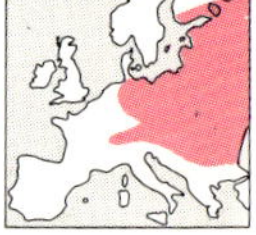

Sänger

Familie Muscicapidae

Diese Vögel sieht man meist auf Zweigen sitzen, von wo sie ihre Umgebung sorgfältig beobachten. Plötzlich flattern sie los, um ein fliegendes Insekt zu erbeuten. Häufig kehren sie auf ihren alten Platz zurück und warten auf die nächste Mahlzeit.

Grauschnäpper *Muscicapa striata* 14 cm. Verbreitet an Waldrändern, in Parks, Obstgärten und Anlagen. Nistet an Gebäuden und Baumstämmen. Wippt beim Aufsitzen mit dem Schwanz. Jungvögel sind gefleckt, Altvögel schwach gestreift.

Trauerschnäpper *Ficedula hypoleuca* 13 cm. Findet sich in Wäldern, Parks und Gärten. Nistet in Mauerlöchern, Baumhöhlen und Nistkästen. Wippt beim Aufsitzen mit dem Schwanz.

Halsbandschnäpper *Ficedula albicollis* 13 cm. An den gleichen Stellen und zeigt dasselbe Verhalten wie der Trauerschnäpper. Im Frühjahr und Sommer ist das Gefieder der Männchen sehr verschieden. In Italien und Mitteleuropa findet man die Unterart *Ficedula albicollis albicollis* mit weißem Halsband. Die östliche Unterart *Ficedula albicollis semitorquata* ist in Nordeuropa verbreitet; sie hat kein Halsband.

Zwergschnäpper *Ficedula parva* 11 cm. Kommt in Wäldern, Parks und Anlagen vor und nistet in Löchern von Mauern und Bäumen. Das Männchen ähnelt einem Rotkehlchen, hat aber am Schwanz weiße Seitenränder, die im Flug auffallen.

Braunellen

Familie Prunellidae

Braunellen sind kleine Vögel, die sich auf dem Boden aufhalten und zwischen den Pflanzen nach Insekten und Spinnen suchen. Im Winter fressen sie auch Samen. In Europa gibt es zwei Arten.

Heckenbraunelle *Prunella modularis* 15 cm. Kommt in Wäldern und Gebüschen, in Hecken, Parks und Gärten vor. Sieht einem weiblichen Haussperling ähnlich, hat aber einen schmaleren Schnabel und ist an Kopf und Unterseite dunkelgrau. Nistet in Hecken, Büschen und zwischen Kräutern.

Alpenbraunelle *Prunella collaris* 18 cm. Lebt im Gebirge, kommt aber in strengen Wintern bis in die Ebene herab. Nistet in Felshöhlen.

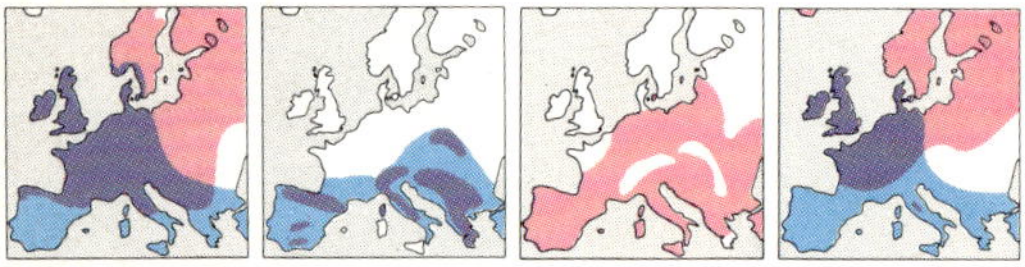

Heckenbraunelle Alpenbraunelle Brachpieper Wiesenpieper

Eine Heckenbraunelle füttert einen jungen Kuckuck, der in ihrem Nest aus dem Ei geschlüpft ist.

Stelzen

Familie Motacillidae

Pieper und Stelzen, die zu dieser Familie gehören, sind kleine Vögel, die sich vorwiegend auf dem Boden aufhalten und nach Insekten suchen. Die Pieper sehen äußerlich manchen anderen erdbewohnenden Vögeln ähnlich, z.B. den Lerchen, haben aber einen schmalen Schnabel und einen schlanken Körper. Die Stelzen haben einen langen Schwanz, mit dem sie ständig auf und ab wippen.

WICHTIGE KENNZEICHEN

Heckenbraunelle Kopf und Brust grau, Rücken braun.
Alpenbraunelle Kehle gefleckt, Flanken gestreift.
Brachpieper Brust sandfarben, nicht gestreift, Hals schwach gestreift.
Wiesenpieper Brust fahl mit dunklen Streifen, Beine braun.
Baumpieper Brust lederfarben mit dunklen Streifen, Beine rosa.
Wasserpieper Im Sommer: Brust ungestreift, Rücken grau. Im Winter: dem Wiesenpieper ähnlich, aber mit dunklen Beinen und weißem Augenstreifen.
Felsenpieper Insgesamt dunkel, Beine dunkel, Schwanzränder grau (bei den anderen Piepern weiß).

Brachpieper *Anthus campestris* 16 cm. Hält sich auf trockenem, offenem, oft sandigem Boden auf. Nistet zwischen niedrigen Pflanzen.
Wiesenpieper *Anthus pratensis* 15 cm. Kommt überall in offenen Landschaften vor, auf Mooren, Feldern, Dünen und grasigen Abhängen, im Winter an Flußläufen und an Küsten. Baut ein schwer zu sehendes Nest zwischen niedrigen Pflanzen. Ist am besten während des kurzen Flugs zu beobachten, wenn er sich singend vom Boden erhebt.
Baumpieper *Anthus trivialis* 15 cm. In lichten Wäldern und auf Kahlschlägen sowie zwischen einzeln stehenden Bäumen und Büschen. Nistet am Boden zwischen niedrigen Pflanzen. Erhebt sich in einem kurzen, schraubenförmigen Singflug und kann dabei am besten beobachtet werden.
Wasserpieper *Anthus spinoletta spinoletta* 16 cm. Hält sich im Frühjahr und Sommer in höheren Gebirgslagen auf und nistet in Felshöhlen. Kommt im Winter in die Ebene und hält sich an Gewässern auf.
Felsenpieper *Anthus spinoletta petrosus* 16 cm. Mit dem vorigen eng verwandt, lebt aber an den Küsten und nistet in Felslöchern.

Baumpieper Wasserpieper Felsenpieper

Bachstelze

Trauerbachstelze

Bachstelze *Motacilla alba alba* 18 cm. Kommt sowohl in offenen Landschaften an Gewässern als auch in Dörfern und Städten vor. Nistet in kleinen Höhlen, zwischen Steinen und in Mauerlöchern. Im Winter finden sich die Vögel oft in Ortschaften ein.

Trauerbachstelze *Motacilla alba yarrellii* 18 cm. Diese Unterart ist in England verbreitet. Dort lebt sie wie die vorige Art.

Gebirgsstelze *Motacilla cinerea* 18 cm. Im Frühjahr und Sommer vor allem in den Gebirgen, wo sie an Gewässern in Felslöchern ihr Nest baut. Im Winter kommt sie oft in die Ebene herab und ist dann an Flüssen, Teichen und Seen zu beobachten.

Bachstelze

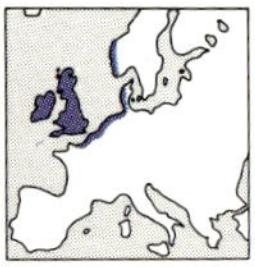

Trauer-
bachstelze

Gebirgsstelze

Gebirgsstelze

WICHTIGE KENNZEICHEN

Bachstelze Schwarz-weiß, mit sehr langem Schwanz, Rücken grau.

Trauerbachstelze Der vorigen ähnlich, aber der Rücken im Frühjahr und Sommer schwarz.

Gebirgsstelze Rücken grau, Unterseite gelblich, Kehle schwarz (beim Männchen nur im Sommer).

Schafstelze Rücken graubraun, Unterseite hellgelb (beim Weibchen fahl).

Kopfzeichnungen

Blaukopfige Schafstelze Scheitel blaugrau, weißer Streifen über dem Auge, gelbe Kehle.

Gelbkopfige Schafstelze Olivgrün und gelb gefärbter Kopf.

Spanische Schafstelze Scheitel grau, vom Auge nach hinten verlaufender weißer Streifen, Kehle weiß.

Graukopfige Schafstelze Kopf grau, ohne Augenstreifen, Kehle weiß.

Schwarzkopfige Schafstelze Kopf schwarz, kein Augenstreifen, Kehle gelb.

Eine Gebirgsstelze beim Füttern ihrer Jungen.

Schafstelze *Motacilla flava* 16 cm. Kommt in sumpfigen Gebieten und auf Feldern in der Nähe von Gewässern vor. Nistet auf dem Boden. In Europa gibt es mehrere Unterarten, die sich durch die Färbung des Kopfes unterscheiden. Sie bewohnen verschiedene Gebiete, wo diese aber zusammenstoßen, gibt es oft Zwischenformen. In Südskandinavien und Mitteleuropa lebt die Blaukopfige Schafstelze *(Motacilla flava flava).* In England gibt es die Gelbe Schafstelze *(Motacilla flava flavissima)* und in Spanien, Portugal und Südfrankreich die Spanische Schafstelze *(Motacilla flava iberiae).* In Italien und Albanien kommt die Graukopfige Schafstelze *(Motacilla flava cinereocapilla)* vor und in Südosteuropa die Schwarzkopfige Schafstelze *(Motacilla flava feldegg).*

FORMEN DER SCHAFSTELZE

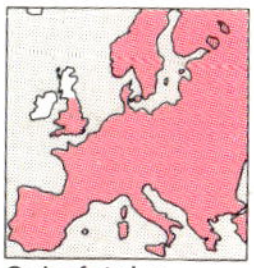

Schafstelze

Seidenschwänze

Familie Bombycillidae

Seidenschwänze sind ungewöhnliche Vögel, die sich ständig auf der Wanderschaft befinden. Außer zur Brutzeit ziehen sie ständig in kleinen Trupps umher, auf der Suche nach Früchten, Beeren und Insekten. An einem Ort sind sie vielleicht für kurze Zeit zu beobachten und dann jahrelang nicht mehr. In Europa sind sie mit nur einer Art vertreten.

Seidenschwanz *Bombycilla garrulus* 18 cm. In Wäldern, Parks und Gärten, eifrig Früchte und Beeren fressend. Nistet im hohen Norden und zieht im Winter auf Nahrungssuche bis nach Mitteleuropa. Offenbar kommt es in Abständen zu einer Übervermehrung und in deren Folge zu einer Nahrungsverknappung. In größerer Zahl wandern die Seidenschwänze dann nach West- und Südeuropa und erreichen die Britischen Inseln, Frankreich, Norditalien und Jugoslawien.

Würger

Familie Laniidae

Würger ähneln kleinen Greifvögeln. Sie sitzen auf hervorragenden Aussichtsplätzen oder gleiten oder rütteln zum Beispiel über einer Hecke, die Umgebung stets aufmerksam beobachtend. Hat der Würger ein Beutetier erspäht – ein größeres Insekt, eine Maus oder einen kleinen Vogel –, dann stürzt er sich auf sein Opfer und ergreift es mit dem hakenförmig gebogenen Schnabel. Anschließend spießt er die Beute auf einen starken Dorn, auf Stacheldraht oder klemmt sie in eine Astgabel.

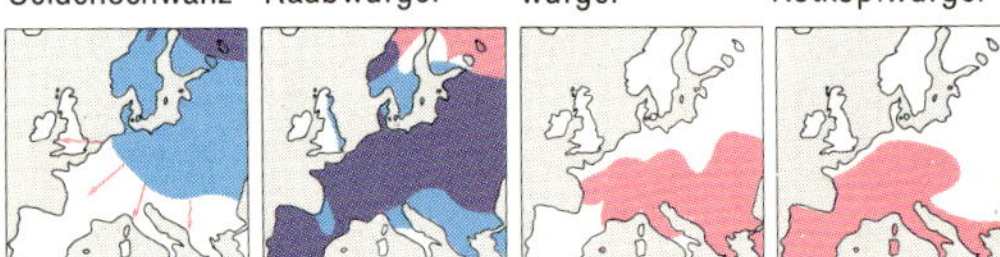

Stare
Familie Sturnidae

Stare sind sehr gesellige Vögel und schließen sich im Winter zu riesigen, Tausende von Vögeln zählenden Schwärmen zusammen. Sie wandern über den Boden, suchen und picken geschäftig nach Nahrung und schwatzen dabei ständig. Häufig ahmen sie auch Vogelstimmen oder sonstige Geräusche nach. In Europa kann man zumeist zwei Arten beobachten.

Star *Sturnus vulgaris* 21 cm. Überall im Kulturland und auch in Städten, wo er in großer Zahl auf Gebäuden und Bäumen übernachtet. Brütet in Baumhöhlen, in Mauerlöchern und Nistkästen. Im Frühjahr verliert er die weißen Flecken des Winterkleides, da sich die weißen Spitzen der Federn abstoßen. Auch der im Winter dunkle Schnabel wechselt ins Gelbe.
Einfarbstar *Sturnus unicolor* 21 cm. Lebt und nistet an denselben Plätzen wie der Star. Trotz seines Namens ist er im Winter leicht gefleckt.

Raubwürger *Lanius excubitor* 24 cm. An Waldrändern, in Gelände mit vereinzelten Bäumen, Buschwerk und Hecken sowie in Obstgärten. Nistet meist in Dorngestrüpp.
Schwarzstirnwürger *Lanius minor* 20 cm. In offenem Gelände mit verstreuten Bäumen und Büschen.
Rotkopfwürger *Lanius senator* 18 cm. In offenem Gelände, Feldgehölzen, Obstgärten, gelegentlich auch Wäldern. Nistet auf Bäumen.
Neuntöter *Lanius collurio* 18 cm. In Feldgehölzen, Dickichten und verwilderten Hecken. Nistet in Büschen und auf kleinen Bäumen.

Neuntöter

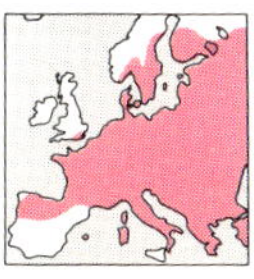

Star

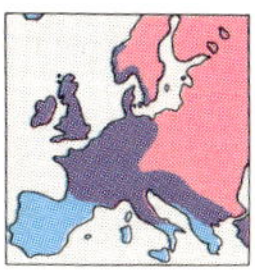

Einfarbstar

WICHTIGE KENNZEICHEN

Seidenschwanz Auffallende Haube; gelbe Schwanzspitze.

Raubwürger Schwarz-weißes Gefieder mit grauem Scheitel und Rücken.

Schwarzstirnwürger Wie der Raubwürger, aber mit schwarzer Stirn.

Rotkopfwürger Rostrotbrauner Oberkopf mit weißer Flügelbinde und hellem Bürzel (Weibchen blasser als das Männchen).

Neuntöter Männchen: grauer Scheitel, Rücken und Flügel kastanienbraun. Weibchen: einfarbig brauner Rücken, unterseits braune Querflecken.

Star Sommer: schwärzlich, mit grünlich-purpurfarbenem Glanz, schwach gefleckt. Winter: schwarz, dicht weiß getüpfelt.

Einfarbstar Sommer: wie der Star, aber ungefleckt, tiefschwarz. Winter: wie der Star, aber nur kleine Fleckchen.

Grünling

Finken

Familie Fringillidae

Wie die Meisen sind auch die Finken wohlbekannte und beliebte Vögel, die nicht zuletzt durch ihr oft buntes Gefieder Gärten und Parks beleben. Zur Brutzeit im Sommer sieht man sie seltener. Zu anderen Zeiten kann man verschiedene Finkenarten oft in kleinen Trupps beobachten, wenn sie auf Bäumen, Stauden oder am Boden nach Samen suchen, die sie mit ihrem meist kräftigen Schnabel leicht zu öffnen vermögen.

Kernbeißer

Stieglitz

WICHTIGE KENNZEICHEN

Kernbeißer Mächtiger Schnabel, schmaler schwarzer Kinnfleck; weiße Flügelbinde.

Grünling Olivgrün mit gelben Flügel- und Schwanzrändern (Weibchen heller als das Männchen).

Stieglitz Rotes Gesicht; breite gelbe Flügelbinde.

Zeisig Männchen: gelblich-grün mit schwarzem Scheitel und Kinn. Weibchen: graugrün mit gestreifter Brust, gelbe Schwanzränder.

Hänfling Männchen: Scheitel und Brust karminrot (im Winter blasser), grauer Flügelfleck. Weibchen: wie der Berghänfling (S. 118), aber mit gestreifter Kehle und grauem Flügelfleck.

Kernbeißer *Coccothraustes coccothraustes* 18 cm. In Wäldern, Obstgärten und Parks, meist in den Baumwipfeln verborgen. Nistet auf Bäumen. Kann mit seinem mächtigen Schnabel auch sehr harte Samen knacken.
Grünling *Carduelis chloris* 15 cm. Häufig in Feldgehölzen, Parks und Gärten. Hängt sich wie Meisen an Futterkörbchen. Nistet in Bäumen und Büschen.
Stieglitz *Carduelis carduelis* 13 cm. Lebt und nistet an denselben Plätzen wie der Grünling, geht jedoch nicht an ausgehängte Nüsse. Im Herbst und Winter finden sich – besonders auf Ödland – ganze Trupps zur Nahrungssuche an Disteln ein.

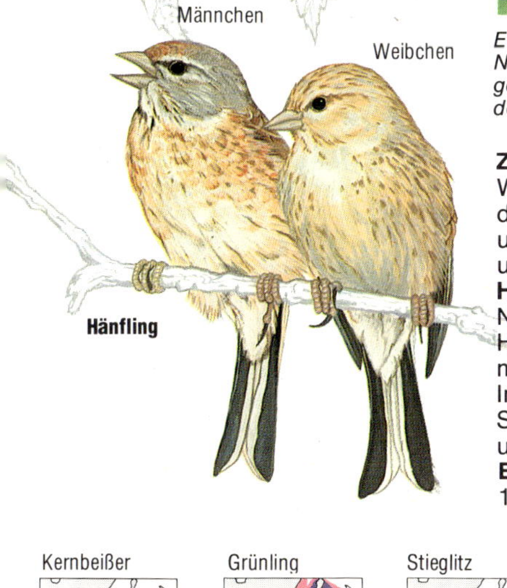

Ein Stieglitz auf seinem versteckten Nest. Die charakteristische gelbe Flügelbinde ist nur beim fliegenden Vogel deutlich zu sehen.

Zeisig *Carduelis spinus* 12 cm. In Wäldern, wo er gewöhnlich auf Nadelbäumen nistet; im Winter in Erlen- und Birkenbeständen. Auch in Parks und Gärten.

Hänfling *Acanthis cannabina* 13 cm. Nistet in niedrigem Gebüsch und Hecken, meist in offenem Gelände, mitunter auch in Parks und Gärten. Im Winter streift er in großen Schwärmen über Felder, Sümpfe und Ödländereien.

Berghänfling *Acanthis flavirostris* 14 cm. Auf Mooren und in hügeligem

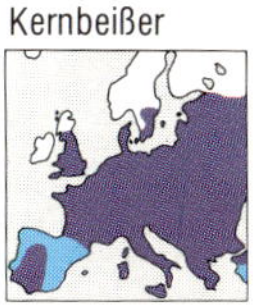

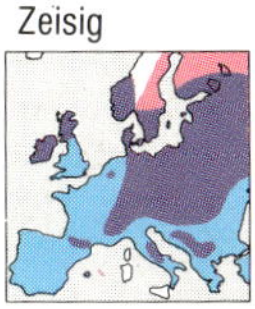

Gelände während des Sommers, wo er zwischen Heidekraut, in Steinmauern oder Kaninchenbauen nistet. Streift im Winter in Schwärmen über Sümpfe und Felder, besonders in den Küstengebieten.

Birkenzeisig *Acanthis flammea* 13 cm. Gewöhnlich in Wäldern, aber auch in Parks und Gärten. Nistet in Bäumen und Büschen. Im Winter oft auf Birken und Erlen, zusammen mit dem Zeisig. Im Norden ist der Birkenzeisig heller.

Polarbirkenzeisig *Acanthis hornemanni* 13 cm. Nistet in der Arktis. Im Winter in Wäldern, oft in Gesellschaft des Birkenzeisigs.

Girlitz *Serinus serinus* 11 cm. An Waldrändern, in Parkanlagen und Gärten. Nistet in Büschen und Bäumen.

Gimpel *Pyrrhula pyrrhula* 15 cm. In Wäldern, Obstgärten und heckenreichen Parks. Nistet in Bäumen, Büschen und Hecken. Frißt die Knospen der Obstbäume.

Ein Gimpelpärchen am Nest. Der Gimpel ist gedrungener als die Mehrzahl der Finken.

WICHTIGE KENNZEICHEN

Berghänfling Rücken, Kopf und Brust braun gestreift; Kehle ungestreift; Schnabel gelb (nur im Winter); Bürzel rötlich (Männchen).
Birkenzeisig Rote Stirn und schwarzes Kinn; rötliche Brust (nur beim Männchen).
Polarbirkenzeisig Wie der Birkenzeisig, aber mit weißem Bürzel.
Girlitz Wie der Zeisig, aber ohne gelbe Schwanzränder und das Männchen ohne schwarzen Scheitel; gelber Bürzel und gelbe (Männchen) oder gestreifte (Weibchen) Stirn und Brust.
Gimpel Schwarzer Scheitel und leuchtend rote (Männchen) oder rötlich-graue (Weibchen) Brust.

Berghänfling

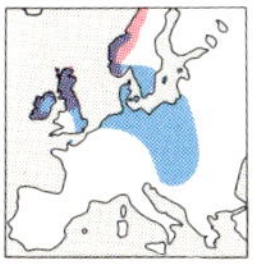

Birkenzeisig

Polarbirkenzeisig

Girlitz

Gimpel

Hakengimpel *Pinicola enucleator* 20 cm. Lebt und nistet in Wäldern, besonders in Koniferen- und Birkenbeständen.

Fichtenkreuzschnabel *Loxia curvirostra* 16 cm. Lebt und nistet in Nadel-, hauptsächlich Fichtenwäldern. Die Spitzen des Schnabels sind gekreuzt, so daß er die Zapfen leicht öffnen und an den Samen gelangen kann. Bei Nahrungsmangel zieht er nach Süden und gelangt in großer Zahl bis nach Frankreich und Italien.

Kiefernkreuzschnabel *Loxia pytyopsittacus* 17 cm. Lebt und nistet vor allem in Kiefernbeständen, wo er sich auf die gleiche Weise wie die vorige Art ernährt. Sein wissenschaftlicher Name deutet auf das papageienartige Verhalten beim Klettern und Fressen hin.

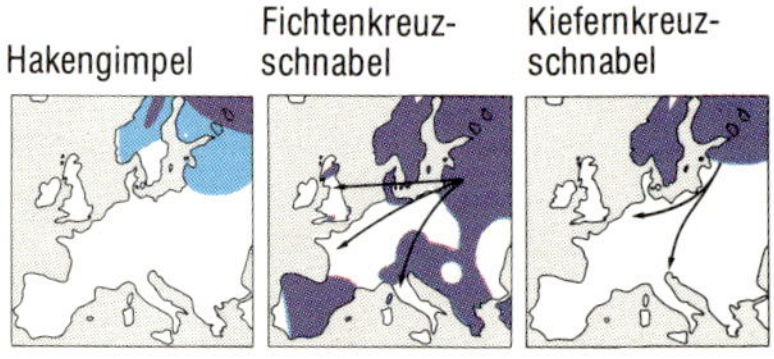

WICHTIGE KENNZEICHEN

Hakengimpel Rot (Männchen) oder grünlich-goldbraun (Weibchen) mit zwei weißen Flügelbinden; sehr kräftiger Schnabel.

Fichtenkreuzschnabel Gekreuzter Schnabel (nicht immer leicht zu erkennen). Orangerot (Männchen) oder grünlich (Weibchen) mit dunklen Flügeln und dunklem Schwanz.

Kiefernkreuzschnabel Wie die vorige Art, der Schnabel jedoch kräftiger und der Kopf größer.

Buchfink Männchen: rosa Brust, schieferblauer Scheitel (im Sommer) und grüner Bürzel; zwei weiße Flügelbinden und weiße Schwanzränder. Weibchen: gelblich-braun mit zwei weißen Flügelbinden und weißen Schwanzrändern.

Bergfink Männchen: orangefarbene Brust und Flügelbasis, weißer Bürzel; schwarzer (Sommer) oder brauner (Winter) Kopf und Rücken. Weibchen: wie das Männchen im Winter, aber heller.

Buchfink *Fringilla coelebs* 15 cm. Häufig in Wäldern, Feldgehölzen, Parkanlagen und Gärten mit zerstreuten Baumgruppen und Hecken. Nistet in Bäumen und Büschen. Im Winter in mehr offenem Gelände.

Bergfink *Fringilla montifringilla* 15 cm. Nistet im Wald, besonders auf Birken, und kommt im Winter in Parks, Gärten und in die Felder, oft in Gesellschaft von Buchfinken und anderen Finken.

Buchfink Bergfink

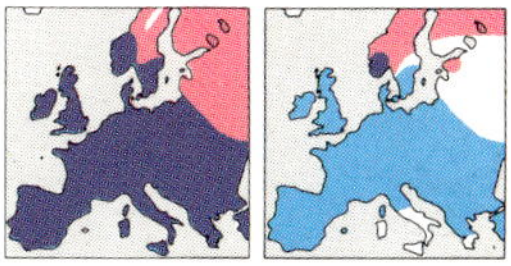

Ammern
Familie Emberizidae

Ammern sind kleine körnerfressende Vögel, ähnlich den Finken, und haben auch dieselben kurzen, kräftigen Schnäbel. Sie sind aber weniger bekannt als die Finken, da sie gewöhnlich nicht in Parks und Gärten anzutreffen sind und die Mehrzahl von ihnen auch nicht so bunt gefärbt ist. Ammern sieht man meist truppweise im Winter, wenn sie auf dem Boden nach Nahrung suchen.
Einige der Ammern, besonders die Weibchen, sehen aus wie andere gestreifte, braune, am Boden lebende Vögel, wie etwa Lerchen, Sperlinge und Pieper. Ammern und Sperlinge haben aber kräftige Schnäbel; Sperlinge (S. 125) sind ihrerseits durch auffallende Zeichnung leicht zu erkennen.

Grauammer

Goldammer

Kappenammer

Grauammer *Emberiza calandra* 18 cm. In offenem Feldgelände mit vereinzelten Hecken und Bäumen, oft auch an Landstraßen. Versteckt sein Nest im hohen Gras am Grunde von Büschen oder unter Disteln.
Goldammer *Emberiza citrinella* 16 cm. Auf Waldlichtungen und an Waldrändern, auf offenem Gelände mit vereinzelten Hecken und Büschen sowie auf Feldern. Nistet am Boden oder in niedrigem Gebüsch. Singt das ganze Frühjahr und den Sommer hindurch. Im Winter kommt die Goldammer oft in Höfe und Feldscheunen.
Kappenammer *Emberiza melanocephala* 16 cm. In offenem Gelände mit zerstreuten Baumgruppen und

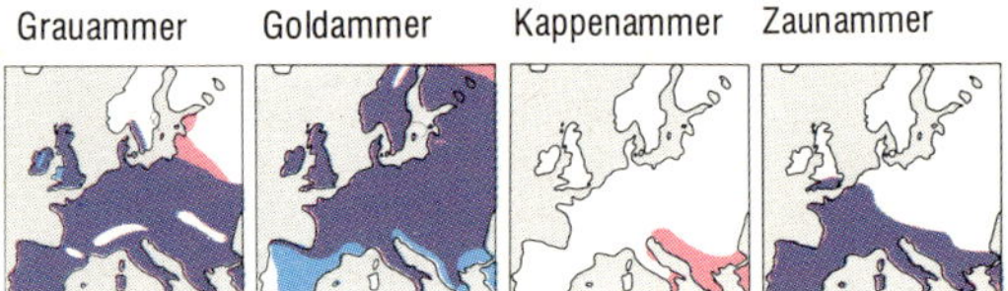

WICHTIGE KENNZEICHEN

Grauammer Groß; bräunlich gestreift.
Goldammer Männchen: gelber Kopf und gelbe Unterseite, rotbrauner Bürzel. Weibchen: Kopf und Brust blaßgelb gestreift, kastanienbrauner Bürzel.
Kappenammer Männchen: schwarzer Kopf und gelbe Brust. Weibchen: ungestreifte ledergelbe Unterseite mit gelbem Fleck unter dem Schwanz.
Zaunammer Männchen: schwarze Kehle. Weibchen: wie das Männchen der Goldammer, aber mit braunem Bürzel.
Grauortolan Männchen: blaugrauer Kopf mit zimtbrauner Kehle, Weibchen: braun gestreift mit zimtbrauner Kehle.
Ortolan Männchen: olivgrüner Kopf mit gelber Kehle. Weibchen: braun gestreift mit gelber Kehle.
Zippammer Männchen: grauer Kopf mit schwarzen Streifen. Weibchen: braun gestreift mit aschgrauer Kehle.

Gebüsch, kommt auch in Gärten. Nistet in niedriger Vegetation. Nicht die einzige Ammer mit schwarzem Kopf.

Zaunammer *Emberiza cirlus*
16 cm. In Kulturland mit hohen Hekken und Bäumen, wo sie in Bodennähe nistet.

Grauortolan *Emberiza caesia*
16 cm. Auf trockenem und felsigem Gelände mit schütterer Vegetation, besucht auch Gärten. Nistet am Boden.

Ortolan *Emberiza hortulana* 16 cm. Auf trockenem Gelände mit vereinzelten Bäumen und Büschen, in Feldgehölzen und Gärten. Nistet auf oder nahe dem Boden zwischen niedriger Vegetation.

Zippammer *Emberiza cia* 16 cm. An felsigen Berghängen mit Bäumen und Buschwerk, auch in Weinbergen. Nistet am Boden oder in niedrigen Büschen.

Grauortolan

Ortolan

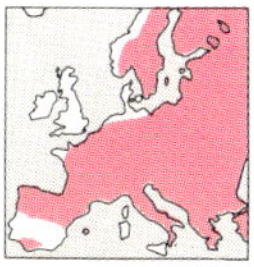

Zippammer

Rohrammer

Spornammer

Rohrammer Spornammer Schneeammer

WICHTIGE KENNZEICHEN

Rohrammer Männchen: Kopf und Kehle schwarz (Sommer) oder braun (Winter) mit weißem Bartstreif und Halsband. Weibchen: braun gestreift mit weißem Bartstreif.
Spornammer Männchen: kastanienbrauner Nacken, Kopf und Kehle schwarz mit gelblichem Augenstreifen (Sommer). Weibchen: wie bei der Rohrammer, aber mit kastanienbraunem Nacken.
Schneeammer Breiter weißer Flügelfleck mit weißem Kopf (Männchen im Sommer), sandfarbenem Kopf (Männchen im Winter) oder graubraunem Kopf (Weibchen).
Schneefink Weiße Flügel mit schwarzen Spitzen, grauer Kopf und dunkles Kinn.
Haussperling Männchen: grauer Scheitel, schwarzes Kinn. Weibchen: gestreifter Rücken mit einfarbig heller Brust, dunkler Augenstreifen.
Italiensperling Männchen: kastanienbrauner Scheitel mit schwarzem Kinn, kein Wangenfleck. Weibchen: wie beim Haussperling.
Weidensperling Männchen: wie beim Italiensperling, aber mit großem schwarzen Brustfleck. Weibchen: wie beim Haussperling, aber mit gestreiften Flanken.
Feldsperling Kupferbrauner Scheitel mit schwarzem Fleck auf den Wangen (beide Geschlechter).
Steinsperling Hell mit Streifen auf dem Kopf, geflecktem Schwanz und gelbem Brustfleck.

Rohrammer *Emberiza schoeniclus* 15 cm. Vorwiegend im Röhricht der Sümpfe, aber auch in Büschen und Hecken auf trockenerem Gelände, wo sie auf oder niedrig über dem Boden nistet. Durchstreift im Winter die Felder und kommt auch zum Futtertisch in den Garten.
Spornammer *Calcarius lapponicus* 15 cm. Nistet in der arktischen Tundra und in der Moosheide. Kommt im Winter an die Küste sowie auf Felder und Moore in Küstennähe.
Schneeammer *Plectrophenax nivalis* 16 cm. Nistet in Felsspalten, meist in höheren Bergregionen. Kommt im Winter in größeren Scharen in Felder, an die Meeresküsten und in Niederungen im Binnenland.

Schneeammer

Sperlinge

Familie Passeridae

Kein Vogel ist bekannter als der Haussperling, der dem Menschen fast überall hin gefolgt ist. In Europa leben noch vier weitere Sperlingsarten, die ebenfalls oft in der Nähe des Menschen anzutreffen sind. Sperlinge sind kleine, gestreifte, braune Vögel mit kräftigen Schnäbeln, ähnlich wie einige Ammern. Sie treten meist in kleinen Trupps auf und sind stets auf der Suche nach etwas Freßbarem.

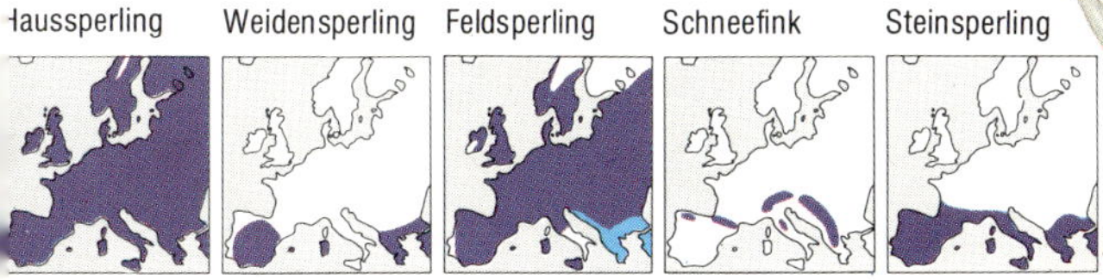

Haussperling *Passer domesticus* 15 cm. In Städten und Ortschaften, Parks und Gärten, auf Farmen und Feldern. Nistet in Spalten oder Löchern von Gebäuden, in Mauerhöhlen und in Nistkästen, baut gelegentlich aber auch freistehende Nester in Bäumen. In Italien, auf Korsika und Kreta kommt der Italiensperling *(P. domesticus italiae)* vor. Er ist eine Unterart des Haussperlings mit kräftig kastanienbraunem Scheitel und weißen Wangen.

Weidensperling *Passer hispaniolensis* 15 cm. In Wäldern und in Gelände mit vereinzelten Bäumen und Buschwerk. Nistet in Bäumen und Büschen, oft in den alten Nestern anderer Vögel. Seltener in Ortschaften als der Haussperling.

Feldsperling *Passer montanus* 14 cm. In Wäldern, buschbestandenem Gelände, in Gärten und auf Feldern. Nistet in Baumhöhlen. Vor allem in Süd- und Osteuropa lebt und nistet er auch in Ortschaften.

Schneefink *Montifringilla nivalis* 18 cm. Auf nackten Berggipfeln und an Berghängen. Nistet in Felsspalten. Ist im Winter in der Nähe von Almhütten zu beobachten.

Steinsperling *Petronia petronia* 14 cm. In felsigem und steinigem Gelände, manchmal auch in Gärten und an Gebäuden. Nistet in Baumhöhlen und Felsspalten.

Register

Deutsche Namen

Lateinische Namen